花卉栽培养护新技术推广丛书

天南星科

Tiannanxingke

观叶植物

Guanyezhiwu 养花专家解惑答疑

王凤祥 主编

中国林业出版社

《花卉栽培养护新技术推广丛书》编辑委员会

主　任	李云伏
副主任	黄丛林
委　员	（按姓氏笔画排序）
	王凤祥　李云伏　张秀海　吴忠义　黄丛林
主　编	王凤祥
副主编	黄丛林　张秀海

《天南星科观叶植物·养花专家解惑答疑》分册

编写人员	王凤祥　马　箭　王立新　陈连忠　张秀海
图片摄影	王凤祥　马　箭　王立新　陈连忠
工作人员	金兰玲　梁宏霞　王树军　刘书华

图书在版编目（CIP）数据

天南星科观叶植物·养花专家解惑答疑/王凤祥主编. —北京：中国林业出版社，2010.1

（花卉栽培养护新技术推广丛书）

ISBN 978-7-5038-5470-5

Ⅰ.天… Ⅱ.王… Ⅲ.天南星科－花卉－观赏园艺－问答 Ⅳ.S682.1-44

中国版本图书馆CIP数据核字（2009）第214450号

策划编辑：李　惟　陈英君

责任编辑：陈英君

出　　版：中国林业出版社（100009　北京西城区德内大街刘海胡同7号）

网　　址：www.cfph.com.cn

E-mail：cfphz@public.bta.net.cn

电　　话：(010) 83224477

发　　行：新华书店北京发行所

制　　版：北京美光制版有限公司

印　　刷：北京百善印刷厂

版　　次：2010年1月第1版

印　　次：2010年1月第1次

开　　本：889mm×1194mm　1/32

定　　价：25.00元

总　序

农业、农村和农民问题，始终是关系我国经济和社会发展全局的重大问题。在现阶段，党中央提出了建设社会主义新农村的历史任务，这是新时期解决"三农"问题和统筹城乡发展的重大举措。

建设社会主义新农村，保障粮食安全、发展现代农业、增加农民收入、培养新型农民、提高生活质量、完善管理机制的要求十分迫切。对科技提出了全面的需求。尤其是在较长的农业产业链中，从种植到生产、加工、销售等环节，都迫切需要科技的支撑和引领。

花卉业作为一种高效农业产业，在农业及农村经济中的地位也越来越重要。北京市农林科学院北京农业生物技术研究中心组织编辑出版"花卉栽培养护新技术推广丛书"，由工作在花卉生产、研究、教学、应用、管理一线的科研、技术专家以问答的形式，对读者提出的各种问题给予解答，通俗易懂，针对性强。该套丛书的出版，对于普及花卉栽培养护知识、提高花农素质，对花卉产业的发展，对社会主义新农村建设等必将产生积极的推动作用。

《花卉栽培养护新技术推广丛书》编辑委员会

2007年6月22日

前　言

花是美好的象征，绿是人类健康的源泉，养花种树是广大人民群众的天赋。改革开放以来，国家昌盛，太平盛世，国富民强，百废俱兴，花卉事业蒸蒸日上。随着人民经济收入、文化水平不断提高，城市生态农业与日俱增，花卉展览全年不断，不但日益增多的旅游景区、公园、绿地布置鲜花绿树，家庭小院、阳台、厅室、屋顶也掀起养花种草热潮，花卉已成为日常生活中不可缺少的一部分。城市中大型花卉市场日渐完善，奇花异草不断增多；在农村不仅出现大型花卉生产基地，出口创汇，还出现公司加农户的新型产业结构，自产自销花卉生产专业户更是星罗棋布，打破以往单一生产经济作物的局面，给农民拓宽了致富之路。

为排解花卉生产、栽培、养护当中常遇到的问题，由王凤祥、马箭、王立新、陈连忠、张秀海等编写《天南星科观叶植物》分册，并提供照片，金兰玲、梁宏霞、王树军、刘书华等协助整理，并在北京农林科学院生物技术中心、十八村花圃等全体工作人员鼎力支持下完成编撰，在此一并感谢。

本书概括天南星科观叶植物的形态、习性、繁殖、栽培、应用、病虫害防治、杂谈等诸多方面知识。该书语言通俗易懂，不受文化程度限制，适合广大花卉生产者、花卉专业学生、业余花卉栽培爱好者阅读，为专业技术人员提供参考。作者技术水平有限，难免有不足或错误之处，欢迎广大读者指正。

作者

2009 年 10 月

二 繁殖篇

(四) 栽培篇

有1片有1条白线纹，1片叶近1/4是白斑，这2片叶均在茎的先端。由第3片叶节处剪下扦插，下部按1叶1枝单叶扦插，成活后分栽3盆，最基部老茎也发生新叶，现已栽3年，只有最上部带2片斑叶的植株发生的新叶仍为斑叶，其余的植株全部变为绿叶，不知是什么原因？怎样栽培才能出现斑叶？

120. 春节前搞卫生，中午将掌叶合果芋、白金葛等几盆攀柱花卉搬至楼道内喷水洗叶，下午搬回室内，当时天气预报为2℃，应该不会产生寒害，为什么大部分叶片会萎蔫？还有办法补救吗？

121. 北方栽培花卉习惯用马蹄片、牛羊角作基肥，这种肥应属缓效肥，那么在分栽时栽培土中是否还要加入其它基肥？选用追肥是否可行？

122. 施工工地需要栽植菖蒲苗，但因春季场地尚未平整完毕，需夏季栽植，并要求不修剪，株冠整齐的全冠苗，能否于春季选用容器栽培，待用苗时连同容器运去栽植。如果可行怎样栽培？如何运输？

123. 我场夏季道路两侧多用菖蒲及其它水生花卉点缀。场庆偏在冬季，要求在大厅及会议室、四季厅摆设菖蒲。北方冬季自然气温寒冷，能否在场内玻璃温室内促成栽培，供场庆之用？

124. 北方较寒冷地区，在住宅小区人工筑建的小河及水池中栽植石菖蒲，怎样才能良好生长？

125. 在北方大藻 如何栽培？

126. 怎样栽培灯台莲？

127. 百草园绿化施工中有"小径听松"一景，植油松近百株，要求栽植一小片半夏作小植被，应如何栽植？怎样养护？

128. 容器栽培半夏如何养护？庭院栽培与阳台栽培养护管理是否相同？

129. 单位在北方，冬季水面结冰。绿地面积较大，设有假山、水池、花架、小亭，水池上有小桥，水池内布置不少水生花卉，并放养锦鲤。但缺少沉水类花卉布置，曾布置过金鱼藻，但不久即漂浮于水面。有花卉爱好者建议布置沙洲草，是否可行？如何栽培养护？

130. 温室内盆栽金钱蒲出现叶片先端变黄而后干枯，是什么原因？在大厅上水石假山上栽植的植株也有此类现象，但没有盆栽那么严重？怎样养护才能不产生这种情况？

131. 怎样栽培好千年健？在玻璃温室中叶片先端出现干枯是什么原因？

132. 自建小花圃。早春在花卉市场购买的二色花叶芋块茎，怎样栽培才能养出好的商品苗？家中庭院、阳台能否栽培？

133. 8月份在花卉市场购买的'银斑'花叶芋，除休息日及晚间陈设在客厅外，其它时间均放在阳台内之窗台的接水盘上，接水盘为长方形，长向能放3盆花，我只放1盆，盘内水深约5毫米，每天早晨补水，陈设时也有与花盆匹配的圆形小接水盘。栽培养护不到1个月，叶柄萎蔫，连同叶片干枯，是什么原因？怎样养护才能不发生这种现象？

134. 留种准备明年繁殖的花叶芋类种苗，是由一千多盆中挑选出来的健壮苗，脱盆后检查块茎时，发现比花卉市场供应的直径小，芽点也少，怎样栽培养护才能变大，芽点增多？

135. '少女'花叶芋、'白鹭'花叶芋及'红浪'花叶芋栽培方法是否相同？

136. 孔雀花叶芋与花斑花叶芋栽培方法有哪些不同？能否在同一温室内分别养护？

137. 迷你花叶芋如何栽培养护？

138. 怎样在温室环境栽培好海芋？

139. 阳台容器栽培的海芋已经近十年了，小的时候总保持6～7片叶，丰满大方，随着茎干的长高，只有先端2～3片叶，1个新叶发生后，老叶就枯干1个，是为什么？怎样才能保持不脱叶或少脱叶？

140. 我是一名花卉栽培爱好者，早晨在花圃中见滴水观音每个叶片先端突尖处均有一个小水珠，堕落后不久又出现了，非

常有趣，于是我选购了两盆，运回家后放在大树下阴凉处，夏季长势旺盛，但从来未见有滴水发生，是什么原因？怎样才能使其滴水？

141. 怎样选用容器栽培芋头才能有较高观赏价值？能否团植或片植？

142. 怎样栽培好垂吊式'星点'藤？并使其生长速度加快一些提前上市？

143. 怎样栽培水晶花烛才能良好生长？

144. 怎样在温室内栽植由南方邮寄来的黑叶观音莲？

145. 黑叶观音莲在四季厅及阳台环境如何栽培养护？

146. 大叶观音莲与观音莲栽培方法是否相同？有哪些区别？

147. 上树蜈蚣在北方温室中如何容器栽培？

148. 怎样栽培金钱树使其四季常绿健壮生长？

149. 盆土稍干时发现有灰白色盐碱渍，土壤pH值大于8.2，能否浇矾肥水改良？用矾肥水对植物有无影响？

150. 在花卉市场购买的绿萝柱，经过3个月的摆放，下边大量脱叶，上边杂乱无章。由基部修剪后，上部枝作扦插穗。

五 病虫害防治篇

六 应用篇

一、形 态 篇

✓. 喜林芋属还有其它名称吗？原产于何地？常见植物的攀缘依附方式有多少种？喜林芋的攀缘依附方式为哪一种？

答：喜林芋属（*Philodendron*）植物又称蔓绿绒属、喜树蕉属等。原产于南美洲的巴西等地。喜林芋属的攀缘依附方式为利用攀缘茎上生长的气生根攀附在柱上、乔灌木树干或岩石上。室内栽培则攀附在棕柱上。

棕柱的制作：用直径8～10厘米的硬塑料管或粗竹秆，长约1.2～2米，在塑料管或粗竹秆壁打孔，孔间距离在5～8厘米左右，孔的大小在5毫米左右，外用棕皮包裹，用塑料绳子将棕皮固定在塑料管或粗竹秆上。下部留10～30厘米左右不用打孔，也不必绑棕，棕柱就作为攀缘依附物。

植物常见的攀缘依附方式有7种。一是依靠植物卷须攀缘，如：葡萄、葫芦、丝瓜等；二是依靠植物吸盘攀缘，如：中国地锦；三是依靠植物气生根攀缘，如：绿萝、常春藤、喜林芋类、合果芋类、龟背竹类等；四是依靠藤的自行缠绕依附，如牵牛花、茑萝、紫藤等；五是依靠藤蔓上皮刺攀缘，如：贯叶蓼、蔷薇等；六是依叶柄弯曲悬挂的，有珍珠茄等；七是依靠徒长枝或分枝悬挂的，有素馨、木香等。

2. '绿宝石'还有哪些别名？攀缘依附方式为哪一种？形态特征是什么样的？

答：'绿宝石'（*Philodendron erubescens* 'Green Emerald'）是红苞喜林芋的一个品种，为'长心叶'蔓绿绒、'绿宝石'喜林芋、'绿宝石'蔓绿绒的简称，还有盾叶树藤等别名。攀缘依附方式为依靠气生根攀缘。'绿宝石'喜林芋属于天南星科、喜林芋属常绿藤本观叶花卉。肉质须根，气生不定根多，白黄色至褐灰色，没有明显的主根。茎粗壮，节间长短因季节、温度、空气湿度、光照不同而变化，通常3～20厘米，各节间生有气生不定根，气生根有灰褐色或黄褐色表皮包裹，茎浅绿色。圆柱状叶节明显，叶柄长约20～30厘米。叶片长心形，先端突尖，叶基部深心形，全缘有光泽，绿色。主脉明显下凹，网状脉不明显，单叶互生。叶长约20～35厘米，宽约10～18厘米。花单性，由白色佛焰苞及白色肉穗花序组成。

3. '红宝石'与'红柄'喜林芋、喜林芋、蔓绿绒如何区别？

答：'红宝石'（*Philodendron erubescens* 'Red Emerald'）、喜林芋、蔓绿绒、'红柄'蔓绿绒均为'红柄'喜林芋的别名。为蔓绿绒属观叶花卉。其形态特征为常绿藤本观叶花卉，须根多，没有明显的主根。茎粗壮，节间长3～30厘米不等，茎节上长有气生根。红宝石喜林芋的老茎灰白绿色，叶柄长约20～30厘米，紫红色，较软，常半下垂。叶片长心形，全缘，浓绿色带有紫红色的光泽。新生叶片及叶鞘为鲜红色。叶脉为网状脉，主脉明显下凹，背面红色，叶片长约20～30厘米，宽10～15厘米，原产地地生苗叶长可达50厘米，宽20厘米。单叶互生。花单性，由玫瑰红色佛焰苞及肉穗花序组成。

4. 圆叶蔓绿绒与商品名"绿苹果"在植物学上是一个种吗？其两者形态怎样区分？

答：圆叶蔓绿绒（*Philodendron oxycardium*）与商品名"绿苹果"在

植物学上是一个种,又称姬喜林芋、心叶蔓绿绒,原产西印度群岛。是天南星科、喜林芋属藤本观叶植物。圆叶蔓绿绒根为须根系,没有明显的主根。茎细圆柱形,粗约5毫米,节间长约5厘米,茎上长有气生根,叶柄长约8厘米左右,叶片圆形,浓绿色,革质稍有光泽,全缘,叶脉为网状,主脉明显,叶片长约20厘米,宽约15厘米,先端急尖,基部浅心形。单叶互生,佛焰花。

5. 天鹅绒还有哪些别名? 其形态特征是什么样的?

答:天鹅绒蔓绿绒(*Philodendron melano-chrysum*)又称美丽喜林芋、绒叶蔓绿绒、绒叶喜林芋、天鹅绒喜林芋等。原产哥伦比亚,所以有人又称它哥伦比亚喜林芋。根系健壮,肉质,灰褐色、黄褐色或白色。潮湿环境萌发气生根,茎半蔓生,生长前期能直立或稍依附即能直立,健壮、圆柱形,绿色或带红色。叶片长卵形,先端渐尖,基部心形,叶长约30厘米,宽约10厘米,带有紫边,全缘,新叶淡绿色带有紫红色,老叶绿色,稍有光泽,叶脉明显,黄绿色或黄色。具长柄,叶壳脱落后叶片向斜面生长,很少叶面向上,通常生长较为规整端正。

6. 战神喜林芋的形态特征如何?

答:战神喜林芋为立叶喜林芋(*Philodendron martianum*)的别称,又称绿叶蔓绿绒、直立喜林芋、膨柄喜林芋、肿柄喜林芋等。原产圭亚那、巴西等地,所以有人称圭亚那喜林芋或巴西喜林芋。根为肉质白色、黄色或黄褐色。气生不定根不明显,偶有发生,根长可达50厘米。具极短茎,通常地表以上看不到茎,短茎圆锥状黄色或白色。叶椭圆形至披针形,亮绿色有光泽、全缘,叶片长20～40厘米,宽10～15厘米,挺拔质厚,基部楔形、先端钝尖,主脉明显下凹,叶柄膨大呈气囊状、肉质,长15～25厘米,偶见30厘米,中间最突出部位直径约2.5～3厘米,叶片四散丛生状着生,叶面向内。全株较为规整,白柄、黄柄者更为美观。

7. 墨西哥喜林芋与心叶喜林芋形态上怎样区分？

答：墨西哥喜林芋为墨西哥蔓绿绒（*Philodendron karstenianum*）的别称，又称卡斯喜林芋等。原产墨西哥，根肉质灰褐色、黄色或先端白色，茎上生有大量灰褐色不定气生根。潮湿环境依附于树皮或岩石上，攀缘上升。如果垂落在地上即变为正常根，很快发生大量侧根，吸收土壤中养分，使藤蔓更壮更长。叶长椭圆状心形，叶片长15～25厘米，宽8～12厘米，先端渐尖，基部浅心形，新生叶嫩绿色，成型叶翠绿色有光泽，叶柄长，横生或斜生，叶片呈斜向或先端下垂。

心叶喜林芋（*Philodendron scandens*）又称心叶绿萝、攀缘蔓绿绒、锐心攀缘喜林芋、藤蔓喜林芋，原产墨西哥。根黄白色至黄褐色、浅黄褐色等，根冠白色，气生不定根黄褐色，生于叶腋或有时在藤蔓任何部位。茎圆柱状绿色，肉质，基部常呈半木质化，黄褐色。叶心形绿色，长8～10厘米，宽6～8厘米，肉质，全缘，先端尖，基部浅心形，密集有光泽，具柄。攀缘栽培易成形。

8. 琴叶蔓绿绒是大型藤本攀缘植物吗？形态是什么样的？

答：琴叶蔓绿绒（*Philodendron bipennifolium*）又称裂叶蔓绿绒，大中型攀缘植物。原产南美巴西，我国福建、台湾、广东等地露地栽培。为多年生常绿藤本植物，茎绿色蔓生，茎基部半木质化，直径5厘米，茎节间距离5～10厘米，茎间长有不定数的气生根，可攀缘其它物体上生长，叶柄长约5～20厘米，叶片长心形3～5裂，基部扩展，先端渐尖，中部较窄，叶脉为网状脉，主脉明显。叶片厚革质暗绿色，全缘。叶片长约20厘米，宽约8～12厘米。单叶互生，叶形酷似小提琴，取名琴叶蔓绿绒。佛焰苞花。

9. 巴拿马喜林芋与丛叶喜林芋在植物学上是一个种吗？其形态怎样区分？

答：巴拿马喜林芋因原产巴拿马而得名，为丛叶喜林芋（*Philodendron*

wendlandii）的别称。为直立型种类，无藤蔓。肉质根褐色或褐黄色，具地下短茎，地上几乎没有或极少有茎。叶丛生，阔披针形，长约15～30厘米，宽10厘米左右，深绿色，革质具光泽，先端钝，基部浅心形，全缘，主脉明显，叶柄长约10～20厘米，深绿色，圆柱状，基部渐变扁。叶片四射生长，株型端庄规整。

10. 春羽有人称春芋或春雨、裂叶蔓绿绒、小天使蔓绿绒，哪个名字正确？形态是什么样的？

答：春羽为羽裂蔓绿绒（*Philodendron selloum*）的别称，另外有春芋、裂叶蔓绿绒、羽裂喜林芋、小天使蔓绿绒、簇叶喜林芋等名称，它属于天南星科蔓绿绒属。多年生常绿大型草本观叶花卉，根系肉质，须根系。茎直立，节间短，节上长有灰褐色粗壮的气生根。叶片排列紧密整齐，呈丛状。全叶羽状深裂，叶片长约60～90厘米，宽50～80厘米，叶片厚革质，浓绿色，有光泽。叶柄长约30～100厘米，叶柄坚挺，叶脉为网状脉。茎端叶腋间长有佛焰苞及肉穗花序。

11. 小叶龟背竹在植物学中是哪个科、哪个属的植物？形态上与龟背竹有哪些区别？

答：小叶龟背竹（*Philodendron pertusum*）在植物学中是属于天南星科、蔓绿绒属的观叶花卉，原产墨西哥，又称小龟蔓绿绒、小龟背芋、斜叶龟背竹、迷你龟背竹、袖珍龟背竹。茎扁圆形或圆形，细长，淡绿色草质，节间约4～15厘米。叶片薄，纸质，斜卵形，淡绿色，叶片长9～30厘米，宽5～15厘米，主脉偏向一侧，两边的侧脉间有6～9个大小不同的圆孔，叶柄长为7～30厘米，叶鞘5厘米左右。

龟背竹（*Monstera deliciosa*）为天南星科、龟背竹属的植物，又称有孔龟背竹、电线莲、蓬莱蕉、穿孔喜林芋等。茎圆形粗壮，直径在2～5厘米之间，长度可达10多米，节间短在2～20厘米，节上长有褐色下垂的气生根。实生幼苗叶片全缘，无圆孔，心形叶，大苗期叶片宽卵形，边缘羽状深裂，在主脉两侧有大小不一、不规则椭圆形穿孔，叶片厚革质有光泽，长60～100厘米，宽50～80厘米，叶柄长30～50厘米。佛焰花苞乳白色微黄，长约30厘米，肉穗花序长约15～25厘米。果卵圆柱形，成熟后为橙红色，可食用。另有斑叶龟背竹（*Monstera deliciosa* var. *variegata*），叶片带有黄白色不规则斑块，尤其白斑块者更为美观。

12. 羽叶蔓绿绒的形态特征是什么样的？

答：羽叶蔓绿绒（*Philodendron pittieri*）也称羽裂蔓绿绒，为天南星科、蔓绿绒属常绿观叶花卉，原产哥斯达黎加。茎短有气生根。叶丛生，长三角状心形，羽状深裂，裂片5～6对，先端渐尖，基部心形，主脉在叶背的部分突出，侧脉直伸至叶先端。叶长18～24厘米，宽12～14厘米，全缘，革质，浓绿色。

13. '金黄心叶'喜林芋的形态特征是什么样的？

答：'金黄心叶'喜林芋（*Philodendron* 'Golden Erubescens'）又称'金黄心叶'蔓绿绒，为天南星科、蔓绿绒属园艺栽培变种，常绿藤本观叶花卉。茎有气生根攀缘于墙体或棕柱上，圆形黄绿色。单叶互生，叶片长圆心形，长15～20厘米，宽5～8厘米，全缘，先端渐尖，基部浅心形，叶柄长13～22厘米，叶片黄绿色，光照不足时常出现全黄色叶片，但易受损，主脉明显，侧脉不明显，颜色与叶片一致。

14. 市场上称为美丽藤的植物是书上说的缎叶美饰蔓绿绒吗？

答：美丽藤为缎叶美饰蔓绿绒（*Philodendron* 'Wend-imbe'）的商品名称，这种称谓虽然很顺口，但不很普遍。直立型，具短茎有气生根。叶椭圆形，长30～50厘米，宽15～25厘米，先端渐尖，基部深心形，大波状全缘，叶面绿色带有银白色，似绫罗绸缎的光泽。新芽苞片鲜红色，久久不退，非常美观。

15. 冠叶蔓绿绒与掌叶喜林芋如何区分？

答：冠叶蔓绿绒 [*Philodendron radiatum* (*Philodendron dubium*)] 又称小掌叶喜林芋、小掌叶树藤、小掌叶蔓绿绒。为天南星科，蔓绿绒属，又称喜树蕉属、喜林芋属，常绿藤本花卉。根半肉质黄褐色，先端白色，具气生不定根，幼株能直立，随生长而成为半蔓生，在暖地潮湿环境能依靠气生根攀缘于树干、墙壁或岩石上，气生根落入土壤中变为正常根。茎圆形。叶绿色掌状全裂。裂片7～12枚，披针形，先端渐尖，基部楔形，全缘稍有波状皱折，浓绿色，近基部较窄，向上渐宽，长10～15厘米，宽3～8厘米，叶柄长25～40厘米，主脉明显下凹，并直达先端，有光泽。

掌叶喜林芋（*Philodendron pedatum*）又称伞叶喜林芋、手树藤等，为天南星科、蔓绿绒属半藤本常绿观叶花卉。根半肉质黄褐或黑褐色，先端根冠处白色。茎圆形，节间生有气生根。叶掌状全裂，裂片8～12枚，长条状，矩圆形先端渐尖，基部楔形，长10～30厘米，宽3～8厘米，叶柄长30～40厘米，相对比冠叶蔓绿绒叶片稍长，为主要区别。

16. 合果芋的形态是什么样的？

答：合果芋（*Syngonium podophyllum*）属于天南星科、合果芋属。别名有长柄合果芋、箭叶芋。原产于中南美洲巴拿马至墨西哥。我国福建、台湾、广东等地均有露地栽培，属多年生常绿草本，可攀缘其它物体上生长。茎绿色蔓生，茎节间距离2～15厘米，茎节上长有气生根，茎较细，直径约5毫米，叶柄较长，约15～20厘米，新叶片箭形或戟形，单叶，老叶则变为3～5裂，掌状最多可达11裂，近基部之裂片常呈对称副叶，近似三角形，新叶淡绿色，老叶深绿，全缘，主脉明显，由叶基到叶端整齐地平行伸展，叶片长约15～20厘米。花由佛焰苞及肉穗花序组成。

17. 白蝴蝶与银叶合果芋如何区分？

答：'白蝴蝶'（*Syngonium podophyllum* 'White Buterfly'）为'白蝴蝶'合果芋的简称，属天南星科、合果芋属多年生常绿草质藤本。小苗时丛生状，稍大后茎伸长为藤本，茎绿色蔓生，茎节上生有气生根，茎较细。叶片箭形，长约15～20厘米，宽8～10厘米，叶片较薄，叶色淡绿。叶片正面中部绿色带白线或白色斑纹，四周边缘为淡绿色；背面为绿色。叶柄较长、柔弱，长约15厘米左右。肉穗花序生于茎先端叶腋间。

'银叶'合果芋（*Syngonium podophyllum* 'Silver Night'）又称'白玉'合果芋、'银白'合果芋等，属天南星科、合果芋属植物。多年生草质藤本，茎绿色蔓生，茎较细，茎节上长有气生根。叶片箭形，长约10～15厘米，宽8～10厘米左右，叶片较薄，草质，全叶银白色，叶缘淡绿色。叶柄柔弱，长约15厘米左右。花佛焰苞状。

18. '箭叶'合果芋与五指合果芋怎样区分？各自有别的名称吗？

答： '箭叶'合果芋（*Syngonium podophyllum* 'Albelineatum'）又称'三叶银心'合果芋、'银珠'合果芋、'银心'合果芋。为天南星科、合果芋属常绿草质藤本观叶花卉。根半肉质黄褐色，先端根冠、根毛均为白色。茎圆形，节明显，节长2～10厘米，基部节间短，上部节间长，淡绿色。在原产地靠气生根攀缘于树干或岩石上。在暖地树下、墙边栽培时，可依附攀缘。容器栽培苗能直立观赏，经一段生长后可攀缘于棕柱上，在空气潮湿环境，气生根可随时发生，直到藤先端。幼叶长三角状箭头形、长心形或掌状三裂成3个独立叶，裂片长椭圆形，中央1片宽大，两侧较小，叶片长8～20厘米，宽3～8厘米，叶柄长12～25厘米，叶面绿色，叶脉牙白色，成熟老叶仍变为全绿色。

五指合果芋（*Syngonium auritum*）又称五叶合果芋、掌叶合果芋、牙买加合果芋、长耳合果芋、五叶藤等。为天南星科、合果芋属常绿草质藤本观叶花卉，根及藤与箭叶合果芋基本相同。叶片为掌状，3～5裂，中央裂片最大，椭圆形，贴近中央裂片稍小，最外边两裂叶狭而短。最长裂片20～25厘米，短裂片长8～10厘米，宽1～4厘米，厚草质，有光泽，浓绿色，稍波状全缘，叶有槽沟长10～20厘米。

19. 大叶合果芋与'翠玉'合果芋怎样区分？还有哪些别名？

答：大叶合果芋（*Syngonium macrophyllum*）为天南星科、合果芋属常绿草质藤本观叶花卉，又称长叶合果芋、心叶合果芋。根较其它合果芋粗壮，黄褐色。藤为圆形，潮湿环境易生不定气生根，在暖地能依附气生根攀缘于树干上、墙上或岩石上，盆栽攀缘于棕柱上，并可做垂直绿化材料，幼苗能在30厘米左右以下时直立观赏。叶片矩圆形、卵圆形或心形，基部浅心形，先端渐尖，具虚尖，长20～30厘米，宽15～20厘米，叶柄长10～20厘米，绿色全缘，叶脉由基部平行整齐至先端，形成规则的绿脉。

'翠玉'合果芋（*Syngonium podophyllum* 'Variegata'）又称'白斑叶'合果芋、'斑叶'合果芋、'碧玉镶银'合果芋，为天南星科、合果芋属常绿藤本观叶花卉。幼苗能直立，为核果的斑叶变种。叶片三角状箭形，叶绿色有不规则白斑块，长12～18厘米，宽8～11厘米，叶柄短。两者极易区分。

20. 合果芋有红叶种吗？形态是什么样的？

答：红叶合果芋（*Syngonium erythrophyllum*）为天南星科、合果芋属常绿草质小藤本观叶花卉。根半肉质，褐红色。茎圆形，褐红色，有气生根，外表浅褐红色，节间明显，依气生根攀缘。暖地可攀缘于树干上，容器栽培时攀缘于棕柱上。叶片长椭圆形，基部心形，圆钝，先端渐尖，暗桃红色，全缘，边缘具狭条绿边。叶脉明显，暗红色，光照过强时全叶为紫红色。叶片长8～15厘米，宽5～8厘米，叶柄短。

21. 花叶万年青（*Dieffenbacxthia picta*）与乳斑黛粉叶在形态上有哪些区别？还有哪些别名？

答：花叶万年青是商品名称，属于天南星科、花叶万年青属，又称黛粉叶，为观叶花卉。原产南美，现我国各地均有栽培。为多年生灌木状草本，根肉质。茎直立粗壮，高度可达1米左右。叶片生于茎的先端，长椭圆形，长约17～19厘米，宽8～9厘米，全缘，先端尖渐狭，基部浑圆。叶片正面绿色，夹杂一些不规则白色或乳黄色的斑点和斑块，有光泽，背面绿色。佛焰花苞生于茎端叶腋间。

乳斑黛粉叶（*Dieffenbachia maculata* 'Rudolph Roehrs'）也是属于天南星科、花叶万年青属，原产南美洲热带，多年生常绿草本观叶花卉。茎直立，叶片大，椭圆形，长约30厘米，宽约15厘米，全缘，叶尖渐狭。叶片中部全为乳白色，只有主脉及边缘为绿色。肉穗花序。

22. 大王黛粉叶与'暑白'黛粉叶形态上有哪些不同？

答：大王黛粉叶（*Dieffenbachia amoena*）又称大斑马万年青、大王黛粉万年青、巨万年青，原产哥伦比亚、哥斯达黎加。根肉质，茎直立粗壮，约5厘米粗，高度可达1.5米左右，叶节明显，叶片纸质，长椭圆形，长约30～45厘米，宽约10～30厘米，全缘，叶片浓绿，叶柄粗壮肉质，长约30厘米。主脉两侧有数行斜生的黄白色条纹和斑点。肉穗花序。

'暑白'黛粉叶（*Dieffenbachia amoena* 'Tropic Snow'）又称'六月雪'万年青，为花叶万年青变种。根肉质。茎粗壮，高度可达1米以上，叶片纸质，长椭圆形，长约30～50厘米，宽约10～20厘米，全缘，叶柄肉质，较粗。在叶子正面撒满不规则的银白色斑条，叶缘为绿色。肉穗花序。

23. '绿玉'万年青与'白玉'万年青形态上有何区别？

答：'绿玉'黛粉叶（*Dieffenbachia amoena* 'Compacta'）又称'绿玉'万年青、'密叶'黛粉叶、'银雪'万年青、'染雪'万年青，为天南星科、花叶万年青属常绿草质丛生观叶花卉，株高25～35厘米，基部多分枝，茎直立，脱叶部分的茎节明显，茎干圆形绿色，分枝间、株间紧凑，密度感强。叶面中心部位多为黄白色，间有不规则浓绿色斑块或斑点，并多生于叶脉及两侧，叶边缘为浓绿色，叶长矩圆形或长卵圆形，基部楔形，先端渐尖，长15～25厘米，宽8～15厘米。

'白玉'万年青（*Dieffenbachia amoena* 'Camilla'）又称'白玉'黛粉叶，为天南星科、花叶万年青属常绿草本花卉，茎直立，基部分枝，株高30～40厘米，丛生，脱叶部位各间节明显，节间1～3厘米。叶椭圆或长卵圆形，基部楔形，先端渐尖，长10～20厘米，宽8～15厘米，叶柄长5～10厘米，主脉明显，叶面乳白色，叶片边缘约1厘米左右为浓绿色，全缘。

24. 花叶万年青属与万年青属花卉，形态上主要区别在哪里？

答：花叶万年青属是多年生灌木状草本，茎粗壮直立，不分枝，很少分蘖，高度可达1米以上。叶片大，长椭圆形，全缘，叶尖渐狭，基部浑圆，叶子两面暗绿色光亮，叶面有白色或淡黄色不规则的斑块或斑点。佛焰花序，佛焰苞宿存，但很少开花。

万年青属是多年生常绿草本，茎直立较细，不分枝，易分蘖株，高达到60～70厘米，相对较花叶万年青矮小，中小型种较多。叶片互生，长卵形，先端渐尖，全缘，叶子相对较小，两面均为绿色，有斑纹变种，有光泽。叶脉网状。佛焰花序。

25. 广东万年青与小斑马万年青在形态上如何区别？

答：广东万年青（*Aglaonema modestum*）属于天南星科、广东万年青属（亮丝草属、粗肋草属），别名粤万年青、粗肋草、亮丝草、广东亮丝草等，多年生常绿观叶花卉。根肉质，无明显主根，茎直立挺拔，不分枝，节间明显，株高1米左右。叶片卵状椭圆形，长约10～20厘米，宽5厘米左右，叶先端渐尖，深绿色有光泽，叶柄长约5厘米，单叶互生，叶脉网状。佛焰苞肉穗花序，有花柄。

小斑马万年青（*Aglaonema commutatum*）又称细斑亮丝草、细斑粗肋草，也属于天南星科、广东万年青属多年生常绿草本。根肉质，茎直立粗壮，高度达到50～60厘米，不分枝，但基部分蘖。叶片卵状披针形，长约10～20厘米，宽约6～8厘米，叶片深绿色有光泽，叶正面主脉两侧有细密的银灰色条纹，呈羽状排列，单叶互生。

26. '银帝王'与'银皇后'怎样区别？还有哪些别名？

答：'银帝王'万年青（*Aglaonema commutatum* 'Silver King'）为常

绿观叶花卉，茎直立挺拔，丛生状，节间明显，株高40～50厘米，单叶互生，叶片卵状披针形或卵状长椭圆形，叶片长15～30厘米，宽5～6厘米，先端渐尖，基部楔形，具斑纹或斑点，绿色有光泽，主侧脉两侧有黄色或浅黄色斑纹，叶网状脉。叶柄长10～15厘米。佛焰花序，佛焰苞宿存，浆果鲜红色，但开花很少。

银皇后（*Aglaonema commutatum* 'Silver Queen'）别名'银皇'粤万年青，'银皇后'亮丝草、'银皇后'万年青等。属于天南星科，广东万年青属常绿观叶花卉。茎直立丛生，株高30～40厘米，单叶互生，叶片披针形，先端渐尖，基部窄楔形，长18～25厘米，宽3～5厘米，叶面银绿色，着有不规则深绿色斑纹，全缘，叶脉网状，叶柄浓绿色无斑点。佛焰花序。

27.白脉亮丝草是什么样的？有无别名？

答：白脉亮丝草（*Aglaonema costatum* var. *immaculatum*）属于天南星科、广东万年青属，别名白脉万年青、白肋亮丝草。多年生草本，茎匍匐，基部多分枝，高度为30～40厘米。单叶互生，叶片卵形或椭圆状卵形，长15厘米，宽6厘米，叶面绿色，有不规则白色斑块，主脉白色，叶脉网状。佛焰花序。

28.麒麟尾是一种什么样的花卉？有无别名？

答：麒麟尾（*Epipremnum pinnatum*）别名麒麟叶、爬树龙、上树龙、百足蕉、飞天蜈蚣。属于天南星科、麒麟叶属多年生大型藤本，南方暖地靠气生根攀缘于树干上、岩石上或墙上。肉质根。茎圆柱形，直径约3～5厘米，具气生根，粗壮，节间距离基部2～3厘米，中上部10～20厘米。单叶互生，叶片薄革质，绿色幼叶披针形、圆形或狭披针形，成熟片主脉两侧有少数小孔，叶片长20～30厘米，宽15～20厘米，全缘，羽状深裂，叶脉网状。肉穗花序，佛焰苞外面绿色，里面黄色。种子肾形光滑。花期4～5月。

29. 花卉市场内有很多种攀柱花卉，哪种形态的是绿萝？有没有别称？

答：绿萝(*Rhaphidophora aurea; Scindapsus aureus*)别名黄金葛、黄金藤、魔鬼藤，它属于天南星科，有的书刊上称绿萝属、藤芋属，有的书刊上称崖角藤属。原产印度尼西亚所罗门群岛。多年生常绿草质藤本，茎肉质，节间3～10厘米，茎长最长可达10余米，茎节处有黄褐色气生根。单叶互生，叶片厚纸质有光泽，叶长约50厘米，宽30厘米左右，幼叶片宽卵形，成熟叶长卵形，露地栽培叶长可达60厘米。叶片正面绿色，夹杂一些不规则黄绿色或金黄色的斑块，背面淡绿色，全缘。老株叶片会出现少数深裂。佛焰花序。

30. '星点'藤的形态是哪样的？还有哪些别名？

答：'星点'藤（*Scindapsus pictus* 'Argyraeus'）为天南星科、绿萝属（藤芋属）常绿小藤本观叶花卉，南方暖地靠气生不定根攀缘于树干或林下岩石上。又称'银星'绿萝、'银斑'绿萝。根黄褐色半肉质。茎圆形，在高温、空气潮湿环境易生不定根。单叶互生，叶片宽心形厚纸质，稍有光泽，长7～8厘米，宽4～6厘米，先端钝有小突尖，基部心形，叶面生有不规则白绿色斑点，叶缘具有白绿色细边，叶背绿色，脉明显，叶柄长3～7厘米。

31. '斑叶'龟背竹与龟背竹形态有哪些区别？还有哪些别名？

答：'斑叶'龟背竹（*Monstera deliciosa* 'Variegata'）属天南星科、龟背竹属，为龟背竹属斑叶变种。多年生常绿藤本观叶花卉，茎粗壮绿色，节间长2～10厘米，茎长可达10余米，节上生有褐色气生根，长而下垂，长达1.5米。叶片心形，厚革质。幼时叶片全缘，无孔，成年时羽状深裂，在叶脉间有不规则圆孔或椭圆形孔，叶片长可达1米左右，叶柄长约40～60厘米，深绿色。叶面有不规则的乳黄色或白色斑纹或斑块。佛焰苞花序，佛焰苞乳白色略带些黄色，长达约30厘米，肉穗花长约20～25厘米。浆果淡黄色，长椭圆形，可食用。

龟背竹（*Monstera deliciosa*）别名电线草、蓬莱蕉、团龙竹等，属于天南星科、龟背竹属，多年生常绿大藤本。茎粗壮绿色多节，茎长10余米，节上生有深褐色气生根下垂。叶片宽卵形，绿色羽状深裂，叶脉两侧有不规则穿孔，单叶互生，网状叶脉，无白色或淡黄色斑块，叶片最宽处可达90厘米。佛焰花序，佛焰苞黄白色。浆果淡黄色，长椭圆形，可食用。

32. 有一种称为树藤的植物，你知道它的形态特征吗？

答：正确名称应该叫心叶树藤（*Philodendron scandens* subsp. *oxycardium*）为天南星科、喜林芋属（喜树蕉属、蔓绿绒属）常绿藤本观叶花卉，在潮湿环境下茎易生不定气生根。叶心形，先端呈圆钝渐尖或突尖，基部浅心形，长10～16厘米，宽6～8厘米，波状全缘，主脉明显下凹，绿色微带黄色光泽，叶柄长4～6厘米，偶见8厘米。

33. 能详细一点告诉我'白金'葛的形态吗？

答：'白金'葛（*Rhaphidophora aurea* 'Marble Queen'）又称'白金'藤，为天南星科、崖角藤属常绿藤本观叶花卉，有些书刊列为绿萝属（藤芋属）（*Scindapsus aureus* 'Marble Queen'）。两个学名为同物异名，是黄金葛的园艺变种。根半肉质无明显主根，根系发达，黄褐色，先端白色。茎（藤干）圆形，绿色蔓生种在高温高湿环境中易生气生不定根，节间明显。单叶互生，叶卵状心形或长椭圆状心形，先端椭圆钝突尖，基部浅心形。叶片在露地栽培与容器栽培差别较大，露地栽培叶长可达60厘米，宽25厘米；容器栽培长8～20厘米，宽约10厘米。有光泽，全缘，偶见有羽状分裂。叶片上有不规则银白色斑块，光照过弱，斑块为灰黄色或叶片全绿无斑块，叶脉明显，叶柄长约10～20厘米。栽培适当，叶片寿命约2年左右，叶片变老后会自然变黄而脱落，多年生老茎成为半木质化变为褐黄色，即应更新。

34. 花叶芋常见有几个种？种间如何区分？

答：目前常见的有花叶芋、银斑芋、'白鹭'芋、'红浪'芋、'少女'芋、'花斑'芋、'孔雀'芋及'迷你'芋等8个种或变种。

(1) 花叶芋（*Caladium bicolor*）为天南星科、花叶芋属球根花卉，原产热带美洲，又称五彩芋、二色花叶芋。块茎扁圆球形，根发生在块茎先端，黄色或褐黄色。叶及花柄均为基生，叶盾状着生，箭状卵形、卵状三角形至圆状卵形，基部心形，裂片1/5～1/3部位合生，弯曲度较窄，先端尖，叶面绿色有红色或白色半透明斑点，叶长8～15厘米，全缘，叶柄长20～28厘米。肉穗花序，佛焰苞先端向内收缩，上部舟形，花序下部为雌花，上部为雄花，二者之间具部分退化雄花。浆果白色。

(2) 银斑芋（*Caladium humboldtii*）又称白斑花叶芋，叶面白色，叶脉及叶缘绿色。

(3) '白鹭'芋（*Caladium bicolor* 'Candidum'）又称'白鹭'花叶芋，叶面白色，叶脉及叶缘绿色。

(4) '红浪'芋（*Caladium bicolor* 'Crimson'）叶长10～25厘米，宽约10厘米，叶面中央为不规则鲜红色斑，叶缘绿色。

(5) '少女'花叶芋（*Caladium bicolor* 'Edesmaid'）又称'红脉'花叶芋，'非洲少女'花叶芋，爱好者简称'少女'芋或'红心少女'芋，叶面绿色，中央部位红色带有白色，中心叶脉部位亮红色。

(6) '花斑'花叶芋（*Caladium hortulanum* 'Halderman'）又称银斑红脉花叶芋、彩叶芋，叶片宽心形嫩绿色，叶面绿色部分生有银白色斑点，叶脉淡红色或红色。

(7) '孔雀'花叶芋（*Caladium hortulasm* 'Makoyana'）叶片相对比其它花叶芋较窄长，主脉多数为黄白色，有的为绿色，侧脉深绿或黄白色，侧脉与侧脉之间为红色，也有的带有深绿色。稍波状全缘。

(8) '迷你'彩叶芋（*Caladium hortulasm* 'Red Frill'）矮生种，又称'矮生'花叶芋或'迷你'花叶芋，株高约20厘米左右，叶片心形，先端尖，基部心形，长12～18厘米，宽10～13厘米，全缘或稍有波状，中央部位为红色，叶缘绿色，光照不足色彩稍暗，叶脉明显下凹。常为小盆栽培。

35. 怎样识别羽叶崖角藤的形态？

答：羽叶崖角藤更正确一些说应该称裂叶崖角藤（*Rhaphidophora decursiva*），为天南星科、崖角藤属常绿藤本观叶花卉。根半肉质灰褐色或黄褐色，根冠白色。藤基部半木质化，节明显，最大直径可达6厘米。单叶互生，革质，矩圆形，长30～70厘米，奇数羽状深裂达主脉，裂片宽条形，长20厘米，宽2～5厘米，先端渐尖。肉穗花序长10～15厘米，花两性属于不完全花，缺少花被。此种与麒麟尾叶片相似，容易混淆，但子房突出的花柱与种子不弯曲，可与本属其它种类加以区别。

36. 四季厅假山上，设计要求栽植一种称为金钱石菖蒲的植物作点缀，不知为哪一种菖蒲，其形态如何？

答：金钱石菖蒲（*Acorus gramineus* var. *pusillus*）为天南星科、菖蒲属常绿小草本花卉，又称药蒲、小钱蒲。根系发达无明显主根，根状茎斜生或横生。植株矮小，株高5～15厘米，偶见20厘米，叶片宽2～3毫米，有光泽。肉穗花序侧生，佛焰苞叶状，扁平，狭长，具香气。我国亚热带地区湿地、山区、渠边有野生。

37. 单位绿地有水塘及小河，想在溪边点缀一些菖蒲，不知应用哪种较好，能否协助选几种形态的作参考？

答：常见野生菖蒲属植物有4种，用作绿化水面的常见有两种，即菖蒲及石菖蒲，为常绿或落叶，宿根性。实际观察中应该还有变种，因其株型高矮、叶片大小、花穗形态，均有很大区别。并有斑叶变种，非常美观。在应用中，香蒲科植物很容易因蒲字相同而与天南星科菖蒲属混淆。为使大家清楚起见，现将它们介绍如下。

香蒲科（Typhaceae）香蒲属（*Typha*）植物大多为地下根状茎，根状茎直立或横生，圆柱形。叶两侧排列，条形叶内海绵状，叶肉质，具平行脉，下部鞘状抱茎无叶柄。花单性，具长总柄，雌雄同株，紧密排列，圆柱或穗状花序，组合成棒状，称为蒲棒。

两者在外观上主要区别为：菖蒲类叶色翠绿、簇生、叶片薄，叶片内无明显海绵状，叶脉特别是中脉明显，花总柄短，具叶状佛焰苞。而香蒲类多为散状片生或单株混于其它水生植物中，叶覆白粉，较厚，叶脉不甚明显，花总柄长，无佛焰苞，花穗健壮，不难区分。

（1）菖蒲（*Acorus calamus*）又称臭蒲子、水菖蒲、白菖蒲、香叶蒲等，言其臭是因开花时有异味，说其香为叶片有清香气。根状茎健壮，根系多，茎短，直径可达1.5厘米。叶条状剑形，先端渐尖，长50～80厘米，偶见100厘米以上，叶宽6～20毫米，中脉突出，绿色有光泽，基部叶鞘抱茎，无叶柄，全缘。花柄由叶丛一侧抽出，矮于叶片，佛焰苞叶状，肉穗花序尖并与叶状佛焰苞呈30°～45°角，长30～40厘米，宽5～10毫米，两性，紧密结合呈棒状圆锥形，果实红色。我国大多地区湿地、溪流、塘、湖、浅水有野生或栽培。

（2）石菖蒲（*Acorus gramineus*）与菖蒲相似，但株型较矮，叶片短小，花穗也小，叶长约25～40厘米，宽3～4毫米，长江以南有野生，北方寒冷地区不能越冬。另有匍匐状矮生种，叶长8～10厘米，宽2～3毫米。原生于暖地潮湿林下、岩石缝隙或溪流岸边。

（3）东方香蒲（*Typha orientalis*）又称蒲草，蒲棒草。香蒲科、香蒲属多年生宿根草本，直立株高1～2米，地下根茎粗壮，横生或斜生有节，黄褐黑色，根系发达。叶条形，宽5～10毫米，叶内海绵状空孔，外被白粉，淡灰绿色，先端圆钝或有突尖，基部鞘状抱茎。圆柱状穗状花序，上部为雄花，下部为雌花。小坚果，湿地多有野生。

（4）宽叶香蒲（*Typha latifolia*）叶宽10～20毫米，产东北、华北、四川、陕西、甘肃、新疆等地。

（5）长苞香蒲（*Typha angustata*）株高1～3米。花穗长达50厘米，雌雄花同序，但中间分离开像两个花序，上雄下雌，与东方香蒲相同，均分布于我国东北、华北、华东、四川、河南、陕西、甘肃、新疆等地。

（6）水烛（*Typha angustifolia*）株高1.5～3米。叶狭条形，宽5～8毫米，偶见12毫米。圆柱形穗状花序长30～60厘米，雌雄花序不连接，分布于东北、华北、华南、四川、湖北、云南、陕西、甘肃、青海等地。

（7）小香蒲（*Typha minima*）细弱，高30～50厘米，叶宽不到2毫米，穗状花序长10～12厘米，雌雄花序不连接，中间隔开5～10毫米，雄花序在上为圆锥状，长5～9厘米；雌花在下，集成棒状或圆柱状，长1.5～4厘米。分布于东北、西北、河北、河南、西南等地。

38. 业余爱好花卉栽培，喜欢奇花异草。花友从南方带回几个黄褐色扁球形块根，并告知为灯台莲，请介绍一下它的形态如何？

答：灯台莲（*Arisaema engleri*）为天南星科、天南星属球根花卉，块茎扁圆形，黄褐色，直径可达3厘米。株高15～30厘米，通常具两叶，小叶5枚掌状排列，卵形，先端渐尖，基部楔形，叶缘有锯齿，中央小叶较大，两侧渐小，最外边2枚无小叶柄。叶片长7～12厘米，小叶柄长1～2厘米。雌雄异株，佛焰苞深紫色带白绿色条纹，长10～16厘米，肉穗花序6～8厘米。我国福建、浙江、安徽、江西、湖南、四川、湖北、陕西、河南等地有野生，多数分布于林下潮湿地域。

39. 喜花爱卉多年，最近在选购的茶花盆花中发现有几株小草，1～2片复叶，就开了一箭绿色小花，花友说是中草药中的半夏，不知是否正确？

答：半夏（*Pinellia ternata*）又称水玉、守田、和姑、半月莲、三步草、地巴豆。为天南星科、半夏属小球根植物。球茎圆球形，黄褐色，最大球直径可达1.5厘米。叶片1～2枚，1年生苗为单叶，心状箭形或椭圆状箭形。多年生苗为3枚复叶，小叶椭圆或矩圆形，偶见披针形，长5～15厘米，先端尖，基部楔形，叶柄长15～25厘米，在叶柄中下部生有1个珠芽，珠芽圆球形，黄白色或黄褐色。花梗由叶柄一侧或中心抽出，长10～30厘米，佛焰苞5～7厘米，下部筒状，肉穗花序上部为雄花，下部为雌花。浆果卵形。小盆栽培自然潇洒。自辽宁至广东，西至甘肃，西南至云南，田野林下石隙均见有野生。

40. 花友送给我一盆称为"滴水观音"的花卉，我看很像海芋，两者形态上有区别吗？

答："滴水观音"为海芋（*Alocasia macrorrhiza*）的别称，另外还有广东狼毒、艮芋头、观音莲等别名，是一物多名，形态上没有区别。海芋为天南星科、海芋属（观音莲属）灌木状常绿观叶花卉。根系发达，半肉质，黄褐色或白色。茎直立粗壮，株高可达3米，基部半木质化，叶节明显，基部分枝，上中部很少或不分枝。单叶互生，聚生于枝先端，卵状戟形，长15～90厘米，基部2裂片分离或合生，先端渐尖，全缘，主脉明显，叶柄最长达1米。花序生于叶腋，总柄长10～30厘米，佛焰苞总长10～20厘米，收腰，下部卵圆筒状，肉穗花序上雄下雌，两者之间有不孕花。浆果成熟时红色。

41. 听说由农贸市场选购的芋头块根，栽植于花盆中，姿态大方而端庄，是这样吗？

答：芋头（*Colocasia esculenta*）为天南星科、芋属球根宿根性植物。块茎卵圆形，黄褐色，有明显节纹。叶片盾状着生，直立，卵形，长20～60厘米，基部两裂片合生，先端钝尖，主脉明显，侧脉6对，全缘，绿色有灰白色晕。叶柄长20～90厘米，绿色或带有紫色。容器栽培不易开花，露地栽培也很少开花，总花梗矮于叶柄，佛焰苞可达20厘米，收腰，下部卵圆筒状长约4厘米，绿色，上部披针形内卷，黄色，肉穗花序上雄下雌，中间具有不孕花。

42. 千年健的形态是什么样的？

答：千年健（*Homalomena occulta*）为天南星科、千年健属（春雪芋属、扁叶芋属）常绿草本观叶花卉。根半肉质，黄褐色，无明显主根。茎直立较短，直径1～2厘米。叶片箭状心形或心形，长15～25厘米，先端渐尖，基部心形，叶柄长可达30厘米，基部见鞘，抱茎。总花梗短于叶柄，佛焰苞宿存，长达6.5厘米，先端具小尖，肉穗花序长2.5～3.5厘米，上雄下雌。浆果。

43. 在公园水池中见到一种称为大薸的漂浮植物，在花卉市场、观赏鱼市场均见有出售，是什么科什么属的水生花卉？

答：大薸（*Pistia stratiotes*）又称水浮莲、大浮萍、大水萍、浮水莲等，为天南星科、大薸属浮水花卉。根发达，褐黄色无明显主根，不定根长，须根多。茎极短具匍匐茎，茎上分蘖，并生出幼苗，幼苗很快生根。叶片宽倒卵状楔形，长2.8厘米，先端钝圆，叶缘波状，基部具柔毛，叶面叶背也有。花序生于叶腋，具短柄，佛焰苞长1厘米左右，背面有毛，肉穗花序短于佛焰苞，下部雌花紧贴于佛焰苞，仅1枝雌蕊，上部为雄蕊与佛苞分开。长江以南池塘、静水中有野生，为独属、独种浮水观叶花卉。

44. 宽叶韭菜草与沙洲草是一种水生植物吗？形态是怎样的？

答：宽叶韭菜草、沙洲草为隐棒花（*Cryptocoryne sinensis*）的别名，又称发冷草，为同物异名。为湿生植物，可作潜水栽培，用于鱼盆、水族箱等配置。具根状走茎，侧根粗壮，茎极短不明显。叶宽条形，长6～10厘米，宽4～8毫米，鞘状抱茎。花梗长约1厘米，佛焰苞长筒状长约6厘米，内藏肉穗花序，先端螺旋状卷曲，花序上雄下雌，中间不孕部分线状细长。产广西、贵州等地浅水中。

45. 黑叶观音莲是哪个科、哪个属的花卉，形态是怎样的？

答：黑叶观音莲（*Alocasia amazonica*）又称龟甲芋，也称观音莲，为天南星科、海芋属又称观音莲属球根观叶花卉。叶簇生，盾状箭形，先端渐尖并带有尾尖长20～40厘米，宽10～20厘米，基部两裂几乎深至叶柄，叶缘有5～7个大齿形缺刻，主脉呈丫形三叉直达先端，侧脉直达缺刻，银白色。叶面深绿色，叶背紫褐色，叶柄长，浅绿色，先端紫褐色，色彩对比鲜明，新奇而美丽。

46. 观音莲有大叶苗种吗？花友说在植物园中见到一种比我栽培的叶片大很多，而且油亮，是真的吗？

答：大叶观音莲（*Alocasia longiloba*）又称银脉紫芋，为天南星科、海芋属（又称观音莲属）球根观叶花卉。叶簇生箭形，先端渐尖，基部两裂深心形，全缘叶片长30～50厘米，主脉丫形三叉分开，直达先端，叶面黑绿色，有光泽，叶脉银绿色，叶背紫褐色，叶柄细长挺拔，长50～70厘米，绿色或带有紫色。原产亚洲热带。

47. 听说花卉市场有卖1种叫金钱树的盆栽植物，是什么样的？

答：金钱树为泽米叶天南星（*Zamioculcas zamiifolia*）的商品名称，又有金币树、龙凤木、雪铁芋、羽叶南星等多种别名。为天南星科、雪芋属多年生常绿球根观叶花卉。球根扁圆或圆球形，褐色，地上无主茎。不定芽由球根萌发形成大型偶数羽状复叶，丛生状，总叶柄绿色或带有紫红色，基部膨大半木质化，每柄具小叶6～10对。小叶肉质具短柄，坚硬挺拔浓绿色，在叶轴上呈对生或近对生，先端具尖，基部楔形，主脉明显。肉穗花序具浅绿色或带有白色佛焰苞，花序上部为雌花，下部为雄花。

二、习性篇

答：绿萝原产印度尼西亚所罗门群岛的热带原始森林，喜温暖、高湿和半阴环境。绿萝生长适宜温度15～25℃，湿度在40%～85%，喜明亮的散射光。南方养护绿萝，四季需遮荫，冬季防寒需搭塑料棚，保持一定温度。北方养护绿萝，冬季温度控制在不低于12℃，春秋季可适当见光，冬季可全光照，夏季必须遮荫，空气湿度保持与南方相同。在温室养护需保持通风良好。喜疏松肥沃、富含腐殖质、排水良好土壤，土壤pH值最好保持6.5～7.5，pH值8以上生长势渐弱。

答：'绿宝石'喜林芋原产哥伦比亚热带雨林，攀缘在岩石上或树干上生长。喜温暖，白天温度在22～28℃，夜间15～18℃，空气湿度在40%～80%长势良好，可结合浇水，向叶面和场地四周喷水，增加空气湿度。喜阴，放在明亮的散光处养护，需遮光50%～70%，避免阳光直射。喜疏松肥沃、富含腐殖质、排水良好土壤，在高密度土中长势差。

3. '红宝石'喜林芋习性如何？什么环境长势最好？什么环境茎节会变长？

答：'红宝石'喜林芋原产哥伦比亚热带雨林，喜温暖，生长适温20～30℃，15℃以上即可生长，冬季室内温度保持在12℃以上，可安全越冬，8℃以下受寒害。喜半阴，阳光不能直射，遮光50%～70%，空气湿度在60%～80%。'红宝石'喜林芋在温度18～27℃、空气湿度70%、光照40%的环境中长势最好。如果长期在光照不足、温度过高、空气湿度较大的环境中，茎节会变长，叶片变薄、变小。只有创造适当的光照，适宜的温度，较适合的空气湿度环境，生长发育才能正常。

4. 绿萝能否室外栽培，要求什么条件为最佳？

答：绿萝在原产地本来就是露地生长的植物，人工露地栽培应该长势更好、更健壮，但一定要按其生长习性顺势利导。只要能创造接近原产地的环境，就会良好生长发育。绿萝喜明亮光照，不耐直晒，喜温暖不耐寒，生长适温20～26℃，温度过高产生徒长，温度过低生长缓慢，低于12℃有可能产生寒害。南方暖地攀缘于树干上、墙壁上或岩石上能自然越冬，北方只能夏季在室外荫棚下容器栽培，秋季夜间自然气温低于12℃前移至温室。对空气湿度要求不严，在相对湿度40%～50%环境仍能良好生长。喜疏松肥沃、排水良好土壤，在贫瘠土、高密度土中长势差。在环境良好条件下，每片叶的寿命约460天左右，容器栽培一定时间，下部脱叶应为正常现象。夏季温度高、长势快，需浇水量大，冬季则需水量小，因此保证土壤含水量非常重要。土壤pH值最好保持6.5～8.2，过高过低均会影响长势。

5. 栽培圆叶蔓绿绒要求什么条件最好？光照不足会产生什么现象？

答：圆叶蔓绿绒原产热带地区，喜温暖，白天温度22～28℃，夜间温度15～24℃。冬季温度在10℃以上，可安全越冬，但长时间低温也会产生大量脱叶，7℃以下即能产生寒害。空气湿度在60%以上，喜湿润不耐干旱，保持土壤湿度。对光照要求不太严格，遮光率在60%～70%为最好。喜在通风量不大的地方生长。如果光照不足，长时间环境过阴，会使节间伸长、生长势减弱、叶片变小、瘦弱、无光泽。光照过强会产生日灼或叶片出现黄晕。喜疏松、肥沃、排水良好土壤，土壤pH值应保持在6.5～8.5之间，pH值过高叶片泛黄，过低长势不良。在贫瘠土、高密度土中，虽然能保持生命活力，但长势极弱。

6. 栽培天鹅绒要求什么样的环境？室外能否栽培？

答：天鹅绒蔓绿绒喜明亮光照，不耐直晒，直晒会产生日灼，光照过弱，天鹅绒般光泽变暗，北方塑料棚温室遮光率应在50%～60%。喜温暖不耐寒，生长适温16～22℃。夏季应加强通风遮荫，25℃以上产生徒长，应开窗通风，越冬温度不低于6℃，6℃以下即产生寒害，12℃生长缓慢，10℃以下停止生长。喜湿润不耐干旱，稍湿不影响生长，过于干旱，则叶片变黄早落。对土壤要求不严，但在疏松、肥沃、富含腐殖质、排水良好、pH值6.5～8.2的土壤中生长最健壮，叶片色彩更鲜明。南方暖地可室外栽培，但也应保护；北方夏季可在荫棚下栽培养护。

7. 战神喜林芋栽培前应准备好什么样的环境后才能引入栽培？

答：战神喜林芋原产巴西、圭亚那等地，喜柔和明亮光照，不耐强光直晒，喜温暖不耐寒，生长适温18～26℃，高温高湿叶柄细长，叶片变薄，如果加上通风不良，光照过弱，盆土长时间过湿，则易烂根或腐茎，因此栽培养护期间应保持盆土偏干。冬季最低温度最好不低于12℃，8℃以下即有可能产生寒害，空气湿度越高，土壤含水量越大，其受害越严重。喜通风良好，能耐稍偏干燥气候，在相对空气湿度50%～60%环境中生长良好。对土壤要求不严，但需疏松、肥沃、通透、pH值6.5～7.5，长时间过低、过高均会产生新叶变黄。高密土、贫瘠土应改良后栽植。

8. 墨西哥喜林芋生态习性如何？

答：墨西哥喜林芋喜明亮光照，耐半阴，养护期间遮去自然光照50%～60%。喜温暖不耐寒，其生长适温为较低的种类，通常12～18℃，能耐短时5℃低温，5℃以下易受寒害。喜湿润，能耐短时干旱，过湿、过干均易产生叶片早落，对空气湿度要求不严，在相对空气湿度40%～60%能良好生长，但长势慢。普通园土只要疏松、肥沃、排水良好即能良好生长，土壤pH值最好保持在6.5左右，过大过小均会影响长势。

9. 业余爱好栽培温室花卉，偶尔也在居室摆放。请问专家栽培琴叶喜林芋应具备什么条件？居室能否越冬？

答：琴叶喜林芋原产于南美巴西热带地区，我国福建、台湾、广东等地均露地栽培。在温暖多湿的条件下生长良好。居室温度控制在白天20～28℃，夜间温度12～18℃之间。琴叶喜林芋对光照没有严格要求，遮荫率在40%～80%，如果放在居室内弱光下也可以正常生长，但节间变长。空气湿度保持在40%～60%最佳，在60%～80%时节间变长，气生根增多，叶片变小。居室摆放，养护温度最低保持10℃以上可安全越冬。高温环境通风不良，光照不足环境不宜摆放时间过长，应备替换植株，10～15天更换1次。对土壤要求不严，但在疏松、通透、肥沃土壤中长势更好，土壤pH值最好保持6.5～8。

10. 巴拿马喜林芋与丛叶喜林芋在同一环境中是否均能良好生长，需要什么环境？

答：巴拿马喜林芋与丛叶喜林芋为同物异名，商品名称为"绿帝王"，其生态习性没有区别。喜明亮光照，不耐直晒，养护中遮去自然光60%～70%，喜高温、高湿，不耐寒，不耐干旱，高温季节必须保持土壤湿润，空气干燥叶片先端易枯萎，土壤湿度不足老叶易早枯，生长适温20～28℃，冬季应保持不低于12℃，低于6℃有可能产生寒害，普通园土能良好生长，但在疏松、肥沃、排水良好土壤中长势更好。

11. 初学花卉栽培，不甘落后。请问专家，春羽需要什么样的生长环境？离开这种环境还能栽培好吗？

答：春羽原产于巴西热带雨林，喜温暖不耐寒，生长适温白天温度20～28℃，夜间温度12～18℃，能耐短时5℃低温，越冬温度保持在10℃以上，可安全越冬。要保持60%～70%的空气湿度。忌阳光直晒，喜明亮的散射光，光照过强叶片会产生灼伤，阳光过弱，叶柄伸长，生长势弱，影响观赏价值。对土壤要求不严，普通园土能良好生长，高密度土、贫瘠土生长势差。任何生命体均需要合适的生存环境，离开这个环境，生命活动很难保证，即便小的环境因子变化，也需要1～2年，甚至几十年才适应新的环境，这应该是生命体固有的习性。所以要人为制造植物需要的环境才能良好生长发育。

12. 小叶龟背竹的习性是怎样的？需要什么样环境才能良好生长？

答：小叶龟背竹原产地在墨西哥热带雨林。喜温暖、潮湿的环境，不耐寒，忌阳光直晒，喜湿润不耐干旱，四季均在遮荫环境下养护，保持土壤湿润。温度保持在白天20～28℃，夜间温度15～18℃，空气湿度保持在70%～90%。喜疏松、肥沃、富含腐殖质的沙质土壤，在普通园土中能良好生长，土壤pH值最好保持6～7.5。

13. 羽叶蔓绿绒、'金心叶'喜林芋、冠叶蔓绿绒、掌叶喜林芋、'光缎'蔓绿绒生长习性相同吗？北方能否在同一温室栽培？南方能露地栽培吗？

答：这几种植物虽属同一类或同一科属，但产地不同，它们的个体习性也有不同，即便区别较小，实际上也是存在的。现在分别介绍，以便于养护时易于掌握。

(1) 羽叶蔓绿绒：又称羽裂蔓绿绒，也可称作羽裂喜林芋，为生长较缓慢种类。喜明亮柔和光照，能耐半阴，不耐直晒。喜温暖，不耐寒，生长适温20～26℃，越冬最低不低于12℃，8℃有可能受寒害。喜湿润能耐短时干旱，生长期间最好保持土壤湿润，喜潮湿空气，但稍能耐干燥，空气相对湿度75%～80%环境生长良好。喜疏松、肥沃、排水良好土壤，在普通园土中能良好生长，土壤pH值6～8长势良好，过低过高影响生长，高密度土壤、贫瘠土壤长势差。

(2)'金心叶'喜林芋：为园艺种，多盆栽。南方暖地作绿化用苗，苗期长势尚佳，喜明亮光照，不耐直晒，直晒环境易产生日灼，如苗期即接受柔和直射光照，能不产生日灼，但长势减慢，叶片增厚。光照不足，叶无光泽，叶色暗淡。喜温暖不耐寒，生长适温18～24℃，越冬温度最好不低于12℃，8℃以下有可能受寒害，长时间低温，土壤含水量又高，会产生烂根。喜潮湿空气，空气相对湿度保持在70%～85%，生长良好，过湿节间变长，气生根产生多。喜疏松、肥沃、排水良好土壤，普通园土能生长，但不如在人工配制的栽培土壤中生长快，土壤pH值6～8均能良好生长。

(3)冠叶蔓绿绒：又称小掌叶树藤、手叶树藤，产危地马拉。喜明亮光照，能耐半阴，不耐直晒，生长发育期间遮去自然光60%～80%。喜温暖，不耐寒，生长适温20～26℃，越冬温度最好不低于12℃，低于12℃生长极缓慢，15℃以上开始生长，8℃以下有可能受寒害，长时间低温如果土壤过湿易烂根，并使老叶片提前脱落。在生长期间温度过高、通风不良、湿度过大，会节间变长。喜湿润，耐干旱力不强，养护期间相对空气湿度最好保持70%～80%。对土壤要求不严，园土能生长发育，但在疏松肥沃、富含腐殖质的土壤中长势显著好于园土，贫瘠土、高密度土应经改良后应用。

(4)掌叶喜林芋：喜柔和明亮光照，不耐直晒，生长期间遮荫60%～70%环境生长良好，南方暖地可适当提高光照亮度，在北方东向阳台未见日灼。喜温暖，不耐寒，生长适温16～22℃，高温、高湿生长速度快，但节间长，在空气相对湿度60%～80%环境中生长良好，湿度40%左右叶片变小。对土壤要求不严，普通园土能生长发育，但在疏松、肥沃、富含腐殖质、排水良好沙壤中，生长明显好于普通园土，在贫瘠土、高密度土中生长势差，在土壤pH值6～8条件下，长势良好，长时间8.5以上长势差，新叶偶有变黄。

(5)'光缎'蔓绿绒：又称'缎叶美饰'喜林芋，为园艺种。喜稍强明亮光照，不耐直晒。光照过弱光泽不明显，新芽苞片红色不鲜艳，长势渐弱。通常全年在温室内养护，喜温暖不耐寒，生长适温16～25℃，越冬温度不低于12℃，8℃以下有可能受寒害。喜湿润，不耐干旱，一旦因干旱受害很难恢复原状。长期土壤过湿，在光照不足、温度过低环境中，易产生烂根。喜潮湿空气，耐干燥性不强，生长期间相对空气湿度保持在70%～80%长势良好。喜疏松、通透肥沃、排水良好的沙壤土，在高密度土、贫瘠土中，长势明显瘦弱。

蔓绿绒属观叶花卉，在南方暖地大多数能露地作绿化苗栽培，可作垂直绿化或孤植、片植等。在北方只可地栽于展览温室、生态餐厅、四季厅等处，绝大部分在温室内容器栽培养护。在同一个温室内栽培时，其光照、室温、空气湿度取中间共同点，使其左右偏差不大。至于土壤含水量、土壤酸碱度、土壤质地可按各个习性单独处理，即能在同一温室共生共荣。

14. 合果芋类习性是否相同？有哪些不同？

答：合果芋属花卉大多产在美洲热带雨林，以气生根攀附在树干、岩石或其它物体上。其习性因种类不同也有一定差异。

(1) 合果芋：适应性强，生长快，喜明亮半阴环境，但能耐柔和直射光，在有直射光环境中，叶片厚而光泽性强，绿色浓重；半阴明亮环境中色泽鲜明；在弱光环境中叶色稍暗，缺少光泽，节间变长。喜湿润，能耐短时干旱，在生长期间喜较多水分，最好保持宁湿勿干，低温环境保持稍干。土壤含水量多，生长迅速，含水量少，长势缓慢，喜潮湿环境，能耐干燥，相对空气湿度80%左右长势快，低于60%长势渐慢。喜温暖不耐寒，生长适温16～26℃，12℃以下停止生长，越冬温度不低于12℃为最好，低于8℃有可能受寒害。通风良好长势健壮，通风差长势弱，节间长、叶片小。普通园土能生长发育，在疏松肥沃、富含腐殖质、pH值5.5～7.2土壤中长势良好，显著健壮，pH值超过8长势渐弱。

(2) '白蝴蝶'合果芋：在室外要求柔和直射光，夏天中午光照强时稍加遮荫，塑料棚温室不必遮荫，玻璃温室稍加遮荫。光照充足，叶片白色部位明亮，光照不足叶片变绿或只有叶脉为白色。喜湿润，耐干旱性差，生长期间宁湿勿干，低温环境土壤稍干，过干则叶片枯干。喜温暖不耐耐寒，生长适温16～26℃，15℃以下生长渐慢，12℃停止生长，8℃以下很可能受寒害，长时间12℃以下，叶片枯干，茎虽然仍为绿色，但已无观赏价值，并无恢复原态可能。普通园土能生长发育，在疏松肥沃、富含腐殖质、保水好的土壤中长势更健壮。pH值保持在5.5～7.5之间长势良好。

(3) 掌叶合果芋：又称五指合果芋。南方暖地露地栽培，能耐直晒，树荫下栽植苗，叶片相对鲜明，北方荫棚下或温室栽培也不必过度遮荫，但玻璃温室需适当遮荫，冬季应有良好光照，光照适当叶片厚而鲜亮，荫蔽过大，叶色变淡。喜温暖不耐寒，生长适温16～26℃，12℃以下停止生长，低于8℃有可能受寒害，一旦受害叶片发黄枯死，无法复原，冬季长时间光照不足又低温也会同样受害。喜湿润不耐干旱，喜疏松、肥沃、富含腐殖质的沙壤土，在高密度土、贫瘠土中长势差。

(4) '箭叶'合果芋：又称'箭头'合果芋。喜柔和光照，能耐半阴，树荫或荫棚下能良好生长发育，塑料薄膜温室可不遮荫，光照充分叶片厚，色泽浓深，半阴下光泽稍淡，过于荫蔽叶节及叶柄变长变细，叶片变薄变小。长时间低温，水湿、光照不足易产生叶片变黄脱落，一旦脱落不易恢复，只能更新。通风良好长势强，通风不良长势弱。喜湿润不耐干旱，生长发育期间应保持充足供水。对土壤要求不严，普通园土能生长发育，但在疏松、肥沃、微酸性土壤中长势更好。

(5) '翠玉'合果芋：又称'斑叶'合果芋、'银雪'合果芋。喜柔和明亮光照，不耐直晒，能耐半阴，生长期间应适当遮荫。喜温暖不耐寒，夏季生长旺盛，越冬温度最好不低于10℃，在南方露地栽培能耐6℃短时低温，5℃以下有可能受寒害。喜湿润，不耐干旱，但低温环境应保持稍干，喜潮湿空气，能耐短时干燥空气，相对空气湿度低，叶片不鲜明。喜疏松、肥沃沙壤土，高密度土、贫瘠土长势弱。

(6) 红叶合果芋：喜明亮光照，不耐直晒，光照过弱红脉减少不鲜明，过强则易产生日灼，北方温室养护遮光率60%～80%，长势较好。喜温暖，不耐寒，生长适温20～28℃，越冬最低气温不低于12℃，8℃以下有可能受寒害，自然气温或室温过高，湿度大，节间变长，小叶变小且变薄，但成形叶寿命长，气温长时间过低，寿命短，易黄枯，黄枯与光照弱、土壤含水量不足、通风不良也有直接联系。喜湿润，不耐干旱，生长发育期间保持土壤湿润，土壤含水量高，生长发育速度快；含水量不足，生长发育慢，且叶色暗淡，应坚持喷水，保持土壤及空气湿度，宁可多喷多浇土壤偏湿，不可过干，但低温环境可稍干，如果光照好，湿些也能忍耐。喜微酸性土壤，但在pH值6～7.5土壤中生长良好，在碱性土壤、高密度土壤、贫瘠土壤中长势极弱，好像另外一个种。

(7)'银叶'合果芋：又称'银玉'合果芋，有的商家称玉美人合果芋。喜明亮光照，稍耐强光，在半阴场地荫棚下、密枝树下生长发育好，光照过强环境中叶色反而不鲜明，光照不足会出现绿叶。喜温暖，不耐寒，生长适温15～25℃，低于12℃生长减慢，8℃以下即有可能受寒害，越冬最好不低于10℃，在28～32℃半阴、潮湿环境中生长良好。喜疏松、肥沃、富含腐殖质土壤，高密度土、贫瘠土需改良后应用。

(8)大叶合果芋：喜明亮光照，稍耐强光，不耐直晒，耐阴性强，半阴环境能良好生长。喜温暖不耐寒，生长适温18～28℃，15℃以下生长缓慢，12℃以下停止生长，6℃以下会产生寒害，长时间高温生长速度快，但成形叶老化也快，长时间低温也易脱叶。北方温室遮光70%～80%生长发育良好。喜湿润，耐干旱性不强，生长期间保持土壤偏湿，在光照较强、自然温度较高、通风良好环境中也应保持土壤水分充足供应。对土壤要求不严，但在疏松、肥沃、富含腐殖质土壤中生长发育，显著更健壮，在pH值5.5～8之间生长良好。为攀缘棕柱良好花材。

(9)三叶合果芋：很可能为园艺种，幼叶为单叶箭形，成形叶三裂，中央一枚偏大，两侧叶大小近相等，叶片全绿，偶见主脉白色。喜明亮柔和光照，不耐直晒，夏季在塑料薄膜温室不遮荫，在荫棚下、树荫下长势良好。直晒下，部分叶枯干，但在水池旁边叶片损伤不甚严重；光照过弱，节间变长，叶色变淡。喜温暖不耐寒，生长适温15～27℃，越冬温度保持12℃以上可安全越冬，低于8℃有可能受寒害，一旦受寒害，同其它合果芋相同很难恢复原状。高温高湿生长速度快，但节间长。对土壤要求不严，普通园土能生长，但在疏松、肥沃沙壤中长势更佳。

---

15. 广东万年青类种与种间习性相同吗？

答：广东万年青属，又称粗肋草属、亮丝草属，分布于非洲热带、印度、马来西亚、菲律宾、斯里兰卡等热带雨林中，我国引入栽培约20种左右，常见有广东万年青、斑马万年青、白柄亮丝草、'银帝王'万年青、'银皇后'万年青、箭羽亮丝草、白脉亮丝草、'银心'广东万年青等8种。

（1）广东万年青：又称亮丝草、粤万年青，俗称万年青，适应性强，喜明亮光照，不耐直晒，能耐阴，光照过强叶片失去光泽甚至枯干，在遮光温室中、荫棚下、树荫下生长良好，遮光60%～80%环境中叶色浓绿有光泽，普通室内也能良好生长。喜温暖不耐寒，生长适温15～30℃，低于12℃停止生长，能耐短时5℃低温，越冬温度最好不低于10℃。喜湿润稍能耐干旱，生长期间宜充足供水，但不能积水，长时间积水或土壤含水量过高会引发烂根，保持土表湿润会生长良好，喜潮湿空气能耐干燥，在相对湿度60%～80%，生长速度快，在相对湿度40%～50%环境中也能生长发育。对土壤要求不严，普通园土能生长发育，在疏松、肥沃、保湿性强的土壤中长势更好。

（2）斑马万年青：又称斑马亮丝草、斑纹万年青、细斑粗肋草、细斑亮丝草，俗称广东斑马或大斑马。喜明亮柔和光照，不耐直晒，过阴白斑纹变暗，直晒或光照过强会产生灼伤，养护期间最好遮去自然光60%左右。喜温暖不耐寒，生长适温20～30℃，15℃以下生长缓慢，10℃以下停止生长，8℃以下有可能产生寒害，一旦受害很难恢复。喜湿润，耐干旱性差，生长发育期间应充足供水，过于干旱叶片产生黄枯，低温天气保持土壤稍干，土表见干即应补足浇水，在空气湿度50%～80%环境中生长健壮，湿度过低生长缓慢、叶色变暗，在微酸性土壤中长势良好，在碱性土壤、高密度土壤、贫瘠土壤中长势差。

（3）白柄亮丝草：喜明亮光照不耐直晒，能耐阴，过于荫蔽白色不鲜明，叶柄变长，光照过强会产生日灼，生长期间遮荫60%～80%长势良好。喜温暖不耐寒，生长适温20～30℃，低于16℃生长缓慢，越冬最好不低于12℃，8℃以下有可能产生寒害，在24～30℃之间长势快，叶柄叶片鲜明。喜湿润，不甚耐旱，生长发育期间保持土壤偏湿，低温阶段保持稍干，在相对空气湿度75%～80%生长旺盛，冬季最好保持50%左右，低温高湿对生长不利。在疏松、肥沃、富含腐殖质的微碱、酸性土壤中生长良好，在碱性土、高密度土、贫瘠土中生长不良。

（4）'银帝王'万年青：喜明亮或柔和光照，不耐直晒，稍耐阴，生长期间遮去自然光60%～70%，直晒或光照过强易灼伤，过于荫蔽则生长不良。喜温暖不耐寒，生长适温22～30℃，16℃以下生长缓慢，冬季最低温度不低于12℃，夏季高温季节生长旺盛。喜湿润，不耐干旱，生长季节应遮光供水，并喷水洗叶，冬季最好保持润而不湿，一旦干旱受害，则不易恢复原有形态，夏季温度过高应加强通风遮光，相对空气湿度在60%～70%生长良好，低温、光照不足、湿度过高易染病害。在疏松、肥沃、富含腐殖质土壤中生长良好，土壤pH值高于8.5、高密度土、贫瘠土长势差。

(5) '银皇后'万年青：习性与'银帝王'万年青相似。参照'银帝王'养护管理。

(6) 箭羽亮丝草：喜明亮光照不耐直晒，能耐半阴，直晒下会灼伤，如果由冬季开始使其接受强光，生长期间能耐直晒，但叶色不鲜明而且增厚，变小，直晒下相对受害率低。光照过弱长势渐弱。喜温暖不耐寒，生长适温22～28℃，低于12℃生长缓慢，8℃以下有可能受寒害。高温季节保持相对空气湿度不高于75%，不低于40%，相对空气湿度过高或过低均会影响长势，这一点与其它广东万年青类有明显区别。喜湿润不耐干旱，生长期间保持土壤湿润不积水，土表不干不必补充浇水，土壤含水量过多反而生长差，但也不能干旱，干旱易产生枯叶。喜疏松、肥沃、含腐殖质高的微酸性沙性土，在pH值大于8.5、高密度土壤、贫瘠土中长势明显差。

(7) 白脉万年青：矮生半匍匐性。喜明亮、柔和光照，不耐直晒，能耐阴，在半阴环境中生长良好，光照过强叶色不鲜明。喜温暖不耐寒，生长适温16～25℃，但在高温环境下也能生长，10℃以下生长缓慢，越冬温度不应低于8℃，在光照充足、空气湿度40%左右，6℃未见有大的伤害，只是叶片稍有下垂，证明已经受轻微寒害。生长期间喜湿润，冬季保持稍干。对土壤要求不严，普通园土能生长，但长势慢而弱，在疏松、肥沃、富含腐殖质、pH值5.5～8.2土壤中长势良好。

(8) '银心'万年青：与广东万年青的习性相似，可参考广东万年青。

16. 心叶树藤、麒麟尾、'星点'藤等习性有哪些区别？能否在同一环境生长？

答：心叶树藤、麒麟尾、'星点'藤等因原产地不同，其习性各有差异。

(1) 心叶树藤：为喜林芋属藤本花卉，喜柔和明亮光照，能耐半阴，良好光照叶色鲜明，节间短；光照不足叶色暗淡，节间长。喜温暖，不耐寒，生长适温15～25℃，12℃以下生长缓慢，10℃以下停止生长，6℃以下有可能受寒害，越冬室温最好不低于8℃，长时间在室温8～10℃、空气湿度又大、土壤含水量多、光照不足，会使成形叶早落。喜湿润，耐干旱性不强，生长期间应充足供水，冬季稍干，喜潮湿空气，能耐稍干燥环境，在相对湿度60%～80%环境中生长良好。喜微酸性土壤，但在pH值5.5～7.8的土壤中长势良好，在碱性土、高密度土、贫瘠土中长势差。

（2）麒麟尾：为麒麟叶属木质大藤本观叶花卉，又称麒麟叶、上树龙、飞天蜈蚣等。攀缘性强，原产我国广东、广西、海南、台湾等热带、亚热带地区。喜柔和明亮光照，不耐直晒，直晒下叶片易灼伤；光照不足叶色暗淡，节间变长，长势渐弱。喜温暖不耐寒，生长适温16～26℃，低于12℃停止生长，越冬最低室温不应低于10℃，6℃以下有可能受寒害，夏季长势旺盛。喜潮湿空气，稍能耐干燥，在相对空气湿度60%～80%环境中生长良好，但在低温、光照不足环境中，应适当降低空气湿度。在原产地依附树干攀缘生长良好，北方只能在温室栽培。对土壤要求不严，在疏松、肥沃、含腐殖质丰富、pH值5.5～8.2土壤中生长良好，容器栽培土壤最好选用人工配制土壤，室内畦栽时，高密度土、贫瘠土壤也需改良。

（3）'星点'藤：又称'银星'绿萝，为绿萝属小藤本观叶花卉。喜柔和明亮光照，不耐直晒，能耐半阴，光照不足长势差，生长期间遮光60%～80%。喜温暖不耐寒，生长适温16～25℃，低于12℃停止生长，越冬温度最好不低于10℃，但能耐短时6℃低温，长时间10℃以下会造成老叶早落，失去观赏价值。喜湿润不耐干旱，生长期间宁湿勿干，冬季保持土壤润而不湿，过湿或积水也会造成老叶早落，喜空气潮湿环境，在空气相对湿度80%～90%环境中长势良好，空气湿度过低叶色不鲜亮，长势缓慢。喜疏松、肥沃、富含腐殖质、pH值在6～7之间的土壤，在高密度土、贫瘠土中生长极差。

17. 我栽培的龟背竹与从花卉市场新选购来的'斑叶'龟背竹同在一室栽培，斑叶种不但不长，白斑上还出现褐色斑块，是什么原因？

答：'斑叶'龟背竹为龟背竹的白斑变种，白斑部分没有或很少有叶绿素，也不含花青素，不能通过光合作用制造养分，它所需要的营养元素全部或大部分由有绿色的部分供应，一旦环境改变，就会自我淘汰而枯干。

'斑叶'龟背竹与龟背竹在习性上差别较大，最大的差别是白斑部位维持及保存的适合环境，这种环境应为柔和而明亮光照，光照过强过弱均会在叶片白斑部位先产生褐色斑点，而后逐步扩大，最后白斑部位干枯被淘汰，绿色部分多数不受伤害而造成残叶。冬季需光照充足，栽培室温或室外自然气温保持在18～26℃，最低不低于12℃，低温时间过长，白斑部位也会受损。保持盆土湿润。白斑部位对空气湿度也很敏感，最好能保持60%～80%的相对湿度，并需通风良好，过干易产生营养成分供应不畅而枯干，过湿易造成病害、菌类滋生而腐烂后枯干。不论光照、温度、水分等，均需保证其生理要求，冬季要保证其呈生长状态的需求，保持其不停止生长，一旦停止生长或呈休眠状态，休眠复醒后也会产生白斑部位枯干。

普通龟背竹适应性要比'斑叶'龟背竹适应性强得多，抗性也强得多，通常只要注意光照不过强，温度不过低即能生长。所以同室栽培时应多照顾斑叶种的习性，就不会使两者有过大的差别了。

18. 天南星科花卉有藤本、直立、丛生、球根多种形态，不同形态是否习性也不相同？能否举实例说明？

答：天南星科花卉有藤本、直立、丛生、球根多种形态，其习性应与原产地自然条件相关，产地的温度、湿度、光照、降雨量、土壤质地不同，产在热带雨林中的，要求高温、高湿，光照柔和明亮，生长期要求供水充足；产在温带多雨地区、灌木丛下、林下的多为球根或小球茎宿根类，夏季生长发育，冬季宿根休眠，这类多数喜温暖，能耐寒或稍耐寒。产在山坡、草地或疏林下的多数能耐直晒，也能耐半阴，能耐干旱；产在沼泽地的必然是湿生或水生类型。产在南方暖地的不耐寒；产在北方的耐寒。由外观上大致可分析其习性，常绿的、半常绿的、藤本的大多产在亚热带或亚热带与温带接壤地区，可以肯定其不耐寒，不耐直晒，高温、高湿环境长势旺盛。如合果芋类、喜林芋类、龟背竹类、崖角藤类、麒麟叶类，均为常绿藤本，虽然习性各有差异，但喜温暖、不耐寒，喜湿润、耐干旱性差，喜柔和明亮光照、不耐直晒的习性，大体上相同。斑叶万年青类、广东万年青类、丛生喜林芋类、白鹤芋类、海芋类、花烛类、千年健等多年生常绿直立草本或丛生类型，大多喜温暖、不耐寒，喜湿润、耐干旱性差，喜柔和明亮或半阴光照，不耐直晒。宿根类除少数引进种外，多数耐寒或稍耐寒。马蹄莲类、花叶芋类、魔芋类，半常绿或宿根类型，因原产温暖地域，在生长期要求充足光照，能耐半阴，喜温暖不耐寒，喜湿润不耐干旱。菖蒲类、水芋类、大藻类、沙洲草类原产于沼泽地或溪水、塘边，仍保持水生或湿生状态，其中大藻、沙洲草类产在南方暖地，喜温暖不耐寒，菖蒲类、水芋类产在北方为宿根性。天南星类南北都有，多数在林下等光照柔和明亮处，提供这个环境即能良好生长。至于那些变型、变种、园艺栽培种，也应依据它的习性及观赏特点调整栽培方式、方法，才能良好生长发育。

19. 在北方效仿制造相应的环境能使天南星科花卉像在南方一样良好生长吗？

答：不论是天南星科花卉，还是南方暖地的所有观赏植物，只要能人为地制造原生长地环境，均能良好生长发育，而且生长速度、形态绝对不比南方差。这种环境实际上就是温室栽培，温室可调节光照强度，光照时间的长短，并可调节温度、空气湿度、土壤含水量以及适合生长发育的土壤。不但在普通单面光照温室可调节，多面光照温室内更易调节。现代化温室调节起来更为便捷。虽然能人为地促进其生长速度，但需要一套完整的设施，这些设施一次性投资较大，需要几年或十几年才能收回成本，总的计算起来加大了成本，不太经济，但可减少运输损失率。作为经营还是由南方暖地运输成苗经济，价格也便宜。从南方暖地运输植株运到后，最好在温室或荫棚下养护一段时间，待其适应新的环境后再供应市场，使用户减少损失，既能保证企业声誉，又能提高出售率。

20. 单位在北方小镇，办公楼前有流水假山，在阴面有小股流水处，留有植物栽植穴，穴中放置盆栽金钱菖蒲，外观上看不到花盆。为什么不直接栽植于栽植穴，而选用容器栽植呢？

答：金钱菖蒲简称金钱蒲或"钱蒲"，因有中草药的香气，又称为药蒲。原产在南方暖地及亚热带地区，其习性喜温暖不耐寒，生长适温16～26℃，低于12℃停止生长，6℃以下有可能受寒害，一旦受寒不容易恢复原态。喜柔和光照，能耐半阴，光照过强或过于荫蔽均易造成老叶枯黄。冬季需较好光照。喜湿润不耐干旱，栽培时应保持土壤偏湿，长时间干旱会导致全株枯死，喜潮湿空气及通风良好。喜微酸性土壤，不耐盐碱土壤。因上述习性才选用容器栽培，夏季陈设观赏，冬季移至温室内栽培。

21. 菖蒲在南方暖地及北方寒冷地区栽培时，其生态习性会不会有所改变？

答：菖蒲在我国南北均有分布，塘、池、湖、湿地均有野生，如果生长环境有大的改变时，有可能需要一段适应期，如生长在南方暖地为常绿状态，移到北方变为宿根，在1～3年内可能长势差，但不会因低温而冻死。生长在北方的植株，春季容器栽培，秋季移入温室越冬，即由宿根变为常绿，但其习性并无大的变化。喜温暖能耐寒，在零下15℃低温环境，只要不过度干旱能良好越冬。喜水湿稍耐干旱，在水饱和状态或浅水中均能良好生长。土壤含水量降至黄墒仍能生存，但长势极慢，叶片暗淡。

22. 石菖蒲的习性是怎样的？北方能否栽培？

答：石菖蒲分布于我国南方暖地，广东、广西、台湾、福建、浙江、江苏、江西等地溪旁湿地浅水中有野生。喜光照，耐半阴，能耐直晒。喜水湿不耐干旱，一旦干旱地上部分枯死，但地下部分仍能保持一段时间活力，雨后或遇水仍能发芽，长时间干旱不能恢复生长。喜温暖不耐寒，0℃以下即受冻害。喜潮湿空气，高温、高湿生长迅速，长势健壮，北方地区多用容器栽培，或作水生花卉栽培，冬季在温室中越冬。对土壤要求不严，在无化学污染的塘泥中生长良好。

23. 大藻在什么环境中能良好生长？

答：大藻为独属、独种水生浮水花卉，广泛分布于亚洲、非洲、美洲热带地区，我国长江以南池塘、湖泊静水、浅水区域有野生。喜光照，能耐半阴，半阴环境叶色浅绿。喜温暖，不耐寒，在南方暖地浮于水面越冬，北方温室越冬，水温最好不低于12℃，室温在20℃以上生长良好。

24. 盆栽灯台莲要求什么环境？在北方如何越冬？

答：灯台莲分布于长江以南暖地，宿根性，喜半阴，不耐直晒，潮湿的阴坡自然长势良好。北方需置荫棚下、树荫下或温室中栽培。喜温暖不耐寒，长江以南可露地越冬，北方容器栽培，温室越冬。夏季生长良好，小球根发芽温度应在16℃以上，20~24℃发芽较快，低于15℃休眠。喜潮湿空气。喜湿润不耐干旱，一旦干旱地上部分即枯干。要求土壤疏松、肥沃、富含腐殖质，pH值5.5~7.5最理想，实践中pH值8.2仍能生长。

25. 工作单位在黄河之滨。在新栽植的油松下发现几株小花，有同事说是半夏，想掘回盆栽，不知习性如何，请专家指点迷津？

答：想知道习性应先辨清产地。半夏有几个种及其变种，其形态相似，有的2~3片叶，有的只有1片叶，花形变化不大。产在南方暖地的喜温暖，在北方不能露地越冬。产在北方的耐寒，可露地越冬。无论产在南方或北方，均喜明亮、半阴环境，不耐直晒，喜通风良好，喜潮湿，喜湿润，不耐干旱，一旦干旱地上部分即枯死。喜疏松、肥沃、富含腐殖质的土壤，在贫瘠土、高密度土、碱性土中长势不良。

26. 沙洲草的习性是怎样的，能否稍详细一些介绍？

答：沙洲草原产于广西、贵州等地，多生于湿地浅水中。根生于水下泥土中，叶潜于水中或露出水面，可作潜水栽培。喜光照，能耐直晒，半阴环境长势更好。喜温暖，不耐寒，夏季高温、高湿环境长势良好，北方多盆栽潜入水中或栽植于水族箱内。在无污染河泥、塘泥中长势良好。生长最适温度16~25℃，在气温12℃以上仍能缓慢生长，10℃以下停止生长，长时间低温、光照过弱，叶片腐烂。适于在酸碱度6.5~7.5的水中，栽植于建筑八厘砂（白云石）或河沙中，能维持生长，但比在泥土中生长慢而渐弱。

27. 栽培的千年健总是长不好，要求什么样环境才能良好生长？

答：千年健分布于我国云南东南及南部地区、广西南部温暖地区；越南及泰国也有野生。多生于林下沟谷、溪旁等潮湿地带。在原分布地区能耐直晒，作为栽培应为喜半阴，不甚耐直晒，在柔和明亮环境中生长良好，北方地区容器栽培，夏季生长阶段应保持遮光率60%～80%，光照过强会产生日灼，过弱叶柄弯曲下垂。喜温暖不耐寒，越冬室温最好不低于10℃，6℃以下有可能产生寒害，长时间10℃以下长势渐弱，叶片大小不均，甚者枯死。喜湿润不耐干旱，生长期间宁湿勿干，冬季低温环境也应保持盆土湿润。喜潮湿空气，过于干燥叶片早枯。喜疏松、肥沃、富含腐殖质、pH值5.5～7.5的土壤，在碱性土、贫瘠土、高密度土中长势差。

28. 我喜花爱卉多年，最近花友送我1株白斑叶的黄金葛，爱不释手，其习性与黄金葛是否相同？

答：白金葛为黄金葛的园艺栽培种。喜柔和光照，不耐直晒，能耐半阴，光照过弱，白斑部分减少，绿色增多，过强则易产生日灼，遮光率保持60%～80%。喜温暖，不耐寒，在18～30℃环境中生长良好，越冬温度最好不低于15℃，15℃以下生长极为缓慢，长时间低温，白斑部位易变黄后枯干，能耐短时8℃低温。喜湿润不耐积水，不耐干旱，积水或干旱均导致斑部受损，空气湿度保持在45%～70%。如果冬季能保持处于生长的温度及良好光照最为理想。对土壤要求不严，普通园土能生长，但在疏松、肥沃、排水良好、富含腐殖质的半沙壤土、pH值5.5～7.5时，生长更健壮。

29. 容器栽培的花叶芋，入秋后叶片全部枯死，脱盆后块根无损伤，是休眠还是养护不当？

答：花叶芋原产美洲热带亚马孙河沿岸。喜明亮柔和光照，不耐直晒，光照过弱，长势细弱，叶柄变长，叶片变薄；光照过强，易产生日灼，在荫棚下栽培，上午10：00前，下午3：00后有斜射光，中午处于遮荫状态生长良好。喜温暖不耐寒，高温、高湿的夏季，在荫棚下有遮光50%的温室内，温度在25～30℃环境长势良好，低于20℃长势缓慢，18℃停止生长，球根越冬温度最好不低于15℃。喜湿润不耐干旱，应保持土壤偏湿，但不能积水。喜潮湿空气，耐干燥性差，最好保持相对空气湿度不低于60%。对土壤要求不严，普通园土能生长，但在疏松、肥沃、富含腐殖质、排水良好的沙壤土中生长更健壮。

30. '银斑'花叶芋良好生长需要什么环境，其习性如何？

答：'银斑'花叶芋在花叶芋类中为矮生种类，原产巴西。喜柔和光照，能耐半阴，生长期间最好遮去自然光60%左右，光照过强易产生灼伤，光照不足产生徒长，叶色暗淡，叶柄细长，长势渐弱。喜温暖不耐寒，在温度25～30℃环境中长势良好，低于18℃停止生长，继而休眠，越冬温度最好不低于15℃。喜湿润不耐干旱，生长期间保持土壤湿润及潮湿空气。喜疏松、肥沃、富含腐殖质、排水良好的沙壤土，在贫瘠土、高密度黄土、碱性土中长势差。

31. '红浪'花叶芋需要什么环境才能良好生长？

答：'红浪'花叶芋为杂交种。喜稍强明亮的光照，能耐半阴，生长期间遮光50%～60%较好，不耐直晒，直晒易产生灼伤，过于荫蔽叶色暗淡无光，且叶柄易伸长。喜高温、高湿，在25～30℃环境中生长良好，低于18℃即进入休眠，球根越冬最好不低于15℃。喜湿润，不耐干旱，生长期间应充足供水，保持土壤湿润，但不能积水，喜潮湿空气，耐干燥性差，喜疏松、肥沃、富含腐殖质、pH值6～7.5的沙壤土。

32. '白鹭'花叶芋的习性是怎样的？

答：'白鹭'花叶芋也为杂交种，其习性与'红浪'花叶芋基本相同，但比'红浪'花叶芋耐阴性稍强。

33. 花友由南方小镇选购几株与麒麟尾叶片很相似的花卉，商家称为上树蜈蚣，能详细介绍其习性吗？

答：上树蜈蚣为裂叶崖角藤的别称，又称羽叶崖角藤，分布在我国云南、贵州、广西等地；越南至印度锡金也有野生。生于林下或灌木丛，生长依附于树干、岩石壁上。喜柔和光照，不耐直晒，能耐半阴。生长期间遮光率60%～80%，光照过弱节间及叶柄变长，光照过强会导致灼伤。喜温暖不耐寒，在18～24℃温室内，温度有时高达36℃的环境中，长势良好，越冬温度最好不低于12℃，但能耐短时8℃低温。喜湿润稍耐干旱，生长期间保持土壤湿润，喜潮湿空气，家庭环境置半阴场地，经常向叶片喷水，保持良好的小环境。喜疏松肥沃、含腐殖质丰富的沙壤土，在高密度黄土、贫瘠土中长势差。

34. 滴水观音的习性如何，在什么环境中长势最好？

答：滴水观音为海芋的别名，分布于台湾、福建、广东、广西、云南、贵州、江西、湖南等地的水沟边、山沟边、林边、村边潮湿的地方。喜光照，不耐直晒，荫棚下、树下、建筑物东侧、北侧均能良好生长。喜温暖不耐寒，北方温室越冬，能耐5℃低温，越冬温度最好不低于8℃。喜湿润不耐干旱，过于干旱叶片枯黄脱落，生长期间保持土壤偏湿，冬季低温时期保持偏干。高温高湿，土壤含水量多，会产生叶片先端吐水现象，俗称之为滴水观音，干旱或干燥环境不会产生吐水。对土壤要求不严，普通园土能良好生长。

35. 少女花叶芋是非常美丽的观叶花卉，在什么环境中才能良好生长？

答：少女花叶芋为非洲少女花叶芋的简称。喜柔和明亮光照，不耐直晒，北方温室栽培遮去自然光60%～80%，光照过弱叶色不鲜亮，长势弱。喜温暖不耐寒，在室温24℃左右长势良好，低于15℃停止生长，时间过长则进入休眠，此时如能接受短日照，球根会增大。30℃以上应增加遮荫或加大通风使之降温。喜湿润不耐干旱，一旦干旱叶片易枯萎。生长期间应保持土壤湿润，但不能积水。喜疏松、肥沃、富含腐殖质土壤，在贫瘠土、高密度土、碱性土中长势差。

36. 迷你彩叶芋在什么环境中长势最好？

答：迷你彩叶芋栽培养护适当，可四季常绿。喜柔和明亮光照，不耐直晒，北方温室栽培，夏季中午遮光80%左右，冬季50%左右，生长良好，光照过强，特别是夏季中午，会产生日灼；过弱长势瘦弱。喜温暖不耐寒，夏季室温控制在22～26℃，能耐32℃以上高温，色彩鲜明，冬季不低于20℃，长势良好，低于18℃停止生长，能耐短时6℃低温，低于6℃因寒冷而休眠，有可能球根受寒害。喜湿润不耐干旱，应保持土壤不过干，喜潮湿空气，过于干燥叶片色彩暗淡。喜疏松、肥沃、富含腐殖质土壤，在贫瘠土、高密度土中长势不良。

37. '花斑'花叶芋的生长环境要求及其习性是怎样的？

答：'花斑'花叶芋为园艺变种，喜稍强柔和光照，不耐直晒，不耐过于荫蔽，北方温室栽培夏季中午遮光60%～80%，光照过弱长势不良，叶片变小变薄，叶柄变长，甚至不能正常生长。喜温暖，不耐寒，在温室22～26℃条件下长势良好，低于15℃进入休眠，越冬室温最好不低于13℃。喜湿润，不耐干旱，过干旱叶片受损，生长期间应保持土壤湿润，但不能积水。喜疏松、肥沃、富含腐殖质土壤，在贫瘠土、高密度黄土中长势差。

38. 孔雀花叶芋要求什么样环境才能长势良好？

答：孔雀花叶芋要求柔和明亮光照，无论在南方还是在北方均需遮荫，北方温室内栽培，遮荫60%～80%长势良好，光照过强易产生日灼，过弱长势不良。喜温暖，不耐寒，在室温22～26℃条件下长势良好，高于

30℃加大通风，低于20℃长势缓慢，16℃以下进入休眠，球根越冬室温最好不低于15℃。喜湿润不耐干旱，过于干旱叶片受损，不能恢复，生长期间保持土壤湿润不积水，在相对空气湿度60%～80%环境中长势健壮。喜疏松、肥沃、富含腐殖质土壤，在贫瘠土、高密度土、碱性土中长势不良。

39. 喜爱大叶观音莲，但栽培不好，请问其习性如何？

答：大叶观音莲原产亚洲热带，北方温室栽培。喜柔和明亮光照，不耐直晒，不甚耐阴，光照过弱长势不良甚至枯死。喜温暖不耐寒，在22～32℃环境中生长良好，15℃以下生长缓慢，10℃以下停止生长，越冬温度最低不能低于8℃，8℃以下进入休眠。生长期间喜湿润，不耐干旱，应保持土壤湿润，但不能积水，冬季休眠期保持土壤干燥，过湿易引起块根腐烂。喜潮湿空气，相对湿度60%～80%环境中生长良好。喜疏松、肥沃、富含腐殖质的沙壤土。

40. '黑叶'观音莲的生态习性是怎样的，生长在什么环境中最好？

答：'黑叶'观音莲为杂交种。性喜柔和光照，不耐阳光直晒，能耐半阴，过于荫蔽长势不良，光照过强，叶色暗淡，甚至产生日灼。喜温暖不耐寒，在20～30℃环境中生长良好，温室中高达36℃仍能生长，低于18℃停止生长，长时间在18℃以下，叶柄枯萎进入休眠，越冬室温不应低于15℃，12℃以下土壤过湿，会引起块根腐烂。喜湿润不耐干旱，生长期间保持土壤湿润不过于干旱。喜潮湿空气，在相对湿度60%～80%时长势健壮。通风不良易罹病害。喜疏松、肥沃、含腐殖质丰富、排水良好、pH值6.5～7.2的沙壤土，在贫瘠土壤、高密度土壤、碱性土壤中长势不良。

41. 金钱树在什么环境中才能良好生长？

答：金钱树原产非洲东部雨量偏少的热带草原气候地域，喜暖热，土壤稍干，半阴及年均温度变化较小环境。稍耐干旱，不耐水湿，过于干旱、相对空气湿度不足，会使地上部分干枯，但球根在适温下仍有活力，遇水仍能发芽。土壤中长时间含水量过多，或遇有积水，根系呼吸作用受阻会产生烂根而全株死亡。气温在18～32℃时生长旺盛，高于33℃产生徒长，造成株形散乱、高矮不齐，习惯上室温高于25℃开窗通风。越冬室温不应低于10℃，不高于15℃，如在15～18℃，其欲休不止，欲长不能，体内养分消耗大于吸收，会造成长势渐弱，故无论休眠或生长，应避开这个温度段，要么高温使其生长，要么低温休眠。喜半阴不耐直晒，在高温环境中光照不足，新叶产生后展叶慢，往往高于丛叶后展叶，造成徒长高枝，使株形杂乱。夏季直晒光照下易产生灼伤或小叶干枯，但冬季需良好光照。喜疏松、肥沃、排水良好沙壤土，在普通园土中养护适当能生长。土壤pH值最好保持在6～6.5，低于5.5、高于7.5长势差，高密度土、贫瘠土长势不良。

三、繁 殖 篇

/.天南星科观叶植物哪些种类适用分株繁殖？选用扦插可以吗？

答：天南星科观叶植物种类很多，有球根类、攀缘类、丛生类、直立类等类型。选用分株繁殖的种类应具备易分蘖产生子株或易产生子球的习性，这些种或品种多为丛生类及球根类，少部分为直立类，如广东万年青、'银皇帝'、'银皇后'、乳肋黛粉叶、白脉亮丝草、羽叶蔓绿绒、海芋、花叶芋等。攀缘类型多用扦插或压条繁殖。分株的最好时间应为休眠即将结束前，在休眠状态下的植株，各项生理机能活动缓慢，养分、水分消耗很少，加之自身在休眠前体内贮存一定量的养分，此时即使根系受一些损伤，也不会或很少影响自身的活力，当适应生长环境时，新的根系已经由愈伤组织处形成继而生长，故成活率最高。如果植株处于全年生长状态，最好在春夏季进行。

分株的方法：将准备分株的露地栽培植株或温室畦栽苗掘苗，掘苗前浇一次透水，待土表稍干后掘苗。掘苗土球不宜过小，尽可能大一些，少伤根系。

容器栽培苗在盆土稍干时脱盆。除去宿土，找好能自然切分的位置，用消毒灭菌后的利刀将子株切离母体，于伤口处涂抹硫磺粉或新烧制的草木灰、木炭粉等，防止伤流及有害菌类乘虚而入。然后栽植于备好的栽植畦中或容器中，置半阴环境场地浇透水，保持土壤不积水、不过干，待恢复生长后转入常规栽培。

球根或块根类有两种情况：一种为常绿或半常绿种类，这一类型可参照上述丛生株形分株；另一种为休眠期地上部分枯死的种类，这一类型地下发生的小块茎或小球茎，有的种类在主茎上生长，也有通过地下细的走茎远离主茎，多数易分离。在掘苗或脱盆时应细致察看，往往在松动土壤时，与土壤同时分离，或遗漏在宿土中，应细致操作将脱落的小块茎或小球茎挑捡出来，另行栽植。吸附小块茎通常用手直接掰取即能分离，如果吸附连接处面积较大，直接用手掰离有困难时，可用利刀切取，切取后伤口用硫磺粉或新烧制的草木灰等涂抹伤口。无论切取、掰取或捡遗，均应勿伤及芽及芽点，以保证成活。栽植后不必特殊养护，按常规栽培即可成为新的植株。

⒉ 我在春季脱盆分株的'银皇后'万年青，分株后不久根部腐烂，是什么原因？

答：'银皇后'万年青分株后不久造成根系腐烂的原因很多，但主要有两点：

(1) 分株切离时，伤口未涂抹硫磺粉或新烧制的草木灰，或涂抹时未全部沾满伤口，或栽植时无意造成新的创伤，有害菌类由伤口进入组织或于伤口表面危害，造成不应有的损害。

(2) 温度过低，土壤湿度过大或长时间过湿、土壤水分含量过高。土壤孔隙长时间被水占据，空气被水分挤出土外，老的根系无法呼吸，新的根系又不能发生，造成窒息而腐烂。分株的季节当然春季最好，但不是主要的原因。主要因素应该是分株时的室温，应保持18～25℃，此时生理活动加快，分株后短时间即能发生新根，恢复生长。栽植土壤最好做消毒处理，如无条件时，应将土壤摊放在直晒光照下，暴晒7～15天，并反复翻拌，如有条件可向土壤中喷洒1～2次80%代森锌可湿性粉剂800倍液，或其它灭菌类农药，消灭有害菌类。切分时伤口涂蘸硫磺粉或新烧制的草木灰。栽植后置温室半阴场地，浇1次透水后保持盆土湿润而不积水，依据室内相对空气湿度增加喷水或喷雾，使其保持在75%～80%。此时根系脆弱切勿追肥，一旦追肥根系会腐烂。室温过高时，增加向地面喷水次数或喷水量，并适当加大通风、降温，即不会产生这种遗憾了。

3.'红宝石'喜林芋、'绿宝石'喜林芋扦插方法相同吗？插穗的先端、中段、下段哪种先发芽？

答：'红宝石'喜林芋、'绿宝石'喜林芋的生态习性基本相似，插穗的切取方法没什么不同，扦插方法也相同。由于扦插方式、方法种类较多，选取同样方法成活率是相同的。同一株利用先端、中端、下端均作为插穗，先端先发芽，因先端有顶端优势，叶片生长较强，总面积大，进行光合作用较强，促进愈伤组织愈合快，生根也较快，所以发芽早。下段插穗发芽较迟，因为下端茎已经老化，往往无叶片，生长势较弱，各种生理机能减退，生根较慢，所以发芽迟。中部虽然尚未老化，且能带叶片，但其习性为不分枝或很少分枝，节间处为潜伏芽，切断后潜伏芽才能萌动，但多数带有气生根，虽然扦插时被剪短，但切口处仍能发生新的根成为正常根，故发芽时间与下段基本相同。顶端扦插留2～3片叶，插入盆中2/3并最少有2～3个叶节，直立扦插。中段和下段扦插，留1～2片叶，无叶片时插穗也能成活，但成活后前期长势弱，发芽及生根慢。

4.业余爱好栽培花卉，在6月初花友送给我几根叶片不大的绿萝枝条，家庭环境如何扦插才能提高成活率？

答：在夏季，家庭条件扦插绿萝，成活并不太难。可按以下几个步骤操作：

（1）切插穗：将剪下的枝条按每3～4片叶一段，用消毒灭菌后的利刀切为数段，基部切口距上部叶柄或叶痕1～3厘米，切口宜平整，尽可能不选用枝剪，枝剪为两向压力，容易挤伤插穗基部切口。

（2）修整插穗：将每枝插穗基部1片叶剪除，节间过密时可多剪除1～2片，如有气生根可保留也可短截。茎干过于弯曲的弃之不用。无叶片枝条能成活，但因养护时间长，生根慢，通常也弃之不用。

（3）准备扦插基质：家庭条件可选用暴晒7～15天的细沙土，如无细沙土也可选用建筑沙、蛭石或珍珠岩。如选用旧盆土应高温消毒灭菌，也可选用暴晒。容器应刷洗洁净，将基质装入容器中，并刮平压实，浇透水。

（4）扦插：待水渗下后，对不平整的稍加平整，过于低洼的地方尽可能填平，然后用与插穗直径相应的竹扦、木棍或金属钎等作工具，在基质上扎孔，深度最好长于插穗的1/2，将插穗放置于孔中，使其直立并将基部用手压实。株行距以相互间互不挡光为准。扦插好后置阳台内的窗台上，容器下面放置接水盘或沙盘，浇透后喷水洗叶，保持土壤湿度，每天喷水2～3次，30天左右即可发生新根。待新芽萌动长出新叶后脱盆分栽。

家庭条件空间有限，养护管理也不能与温室环境相比，很可能出现部分插穗先生根，这部分苗生长速度较快，很快遮挡生根较慢或尚未生根插穗的光照，致使生根慢或尚未生根的插穗停止生长或不易生根。分栽时将这部分苗仍留于扦插容器中，继续养护仍会生根，生根后仍能健壮生长。

另外也可选用水盆扦插，这种方法简便易行。操作时先准备一个直径约40厘米左右的无底孔花盆，加入7厘米深的水，中间放一块砖，厚约6厘米。在砖上放一个直径20厘米左右的小瓦盆，盆底铺一层约5厘米深的粗沙，作吸水层，上部填入细沙或蛭石等扦插基质，将绿萝枝条每段留2～3个叶片，剪成若干段作插穗。插入基质内，深约5～6厘米，然后在水盆上套一个塑料薄膜袋，在袋上剪几个小通气孔。大盆中的水，可通过瓦盆底部渗透到小瓦盆的基质里，保持扦插基质的湿度。置阳台光照明亮场地，成活率相对比常规扦插要高得多。

5.天南星科观叶花卉扦插用基质有哪些种？如果不选用灭菌基质有哪些害处？

答：天南星科观叶花卉常用扦插基质有建筑沙、细沙土、蛭石、珍珠岩、草炭土、腐殖土及人工配制土壤。

（1）建筑沙：质地松散，每立方米重约1600千克，孔隙大，含空气量多，易升温也易降温，通透好，保水力差，易找寻且经济，生根快，分栽时伤根少，为小型花圃及业余爱好者常用扦插基质之一。但由于营养元素含量低，应于插穗生根后及时分栽。

(2) 细沙壤土：质地尚疏松，易升温，保温高于建筑沙，细度高于建筑用沙，每立方米1600～1800千克。通透性好，能保水分，营养元素含量较多，但作为成活后的插穗生长所需要的养分往往不足。生根快，分栽能带少量宿土，缓苗时间相对较短。也为小型花圃及业余爱好者常用的扦插基质。

(3) 蛭石：为硅酸岩材料经高温加工成的云母状膨化物，呈碱性反应，原为建筑保温材料。新鲜时通透性、保水性、排水性好，含钾、钙、镁等元素。每立方米120千克左右，能含水分在500～650升，对插穗生根有利，生根后分栽能带少量宿土成活率高。但经几次应用后，膨化孔隙度变小，密度增大，呈沉积状，会影响升温及保温性，此时应换新品再作基质。

(4) 珍珠岩：为天然铝硅化合物，经粉碎后高温加工而成膨化材料，为建筑保温材料，具有质轻、通透的优点，每立方米约100千克，体内不含水，遇水则漂浮水面。通常不能独立作基质，与其它基质配合应用。

(5) 人工配制扦插土：

细沙土40%，珍珠岩30%，腐殖土40%；细沙土40%，蛭石40%，腐叶土20%；

细沙土50%，腐殖土或无肥腐叶土30%，锯末20%；建筑沙60%，蛭石或珍珠岩40%。

无论何种人工配制的基质，均应配好后喷水搅拌，并喷洒75%百菌清可湿性粉剂或50%甲基托布津可湿性粉剂600倍后，堆放在光照直晒场地，加盖塑料薄膜，10天左右可应用。如果基质中特别是细沙壤土中有线虫，无论危害程度如何，均应用杀线酯或铁灭克杀除。也可选用高温灭菌或充分暴晒方法，前者效果最好，但需要整套设施及必要的建筑物，但量不大时也可选用普通厨具蒸煮。另一种方法即置直晒光照下摊开晾晒，使其充分干燥，也有较好效果。

应用的自然基质如建筑沙、细沙壤土最好取自地表以下40厘米以上部位，深层土壤、水洗沙等因长时间处于空气稀薄、温度低、无光照的环境中，其营养元素不能迅速分解，不能被插穗吸收利用，这种土壤通常称为生土，应用时应摊开暴晒，经风吹、雨淋、光照60～90天后再用最为理想，但这种土壤含有害菌类及有害虫卵较少，应该是其优点，并且经晾晒后营养元素来力猛，但消失也快。

6. 什么叫单芽扦插？圆叶蔓绿绒怎样单芽扦插？天南星科藤本观叶花卉是否都能选用单芽扦插？

答：将植株的枝条，留1片叶及1个芽切下或剪下来作扦插形成一个新植株的方法，叫单芽扦插。先准备好扦插基质，用利刀或剪插穗专用枝剪将圆叶蔓绿绒留1片叶带1个芽剪成一段，切口剪口呈马蹄状，距芽下4～5厘米剪断。将插穗插入基质中，芽眼外露也可不外露，使其直立于基质中，置温室半阴场地，喷水保湿。

天南星科花卉中，藤本类及蔓生类均可选用单芽扦插，如龟背竹类、喜林芋类、合果芋类、绿萝类均可采用单芽扦插。单芽扦插省扦插材料，相对繁殖数量多，但由于营养面积小，接受光照、水分少，生根慢，养护时间长，需精心养护才能保证成活率，为其不足。多用于插穗不足及珍贵种或品种。

7. 花友送给我琴叶蔓绿绒枝条约1米长，茎上有气生根，最长的约10厘米，扦插时将气生根剪除还是保留？

答：琴叶蔓绿绒扦插时气生根可以剪除也可以保留或短截。保留时扦插，将枝条留2～3个芽、2～3片叶，最下端芽眼下面2～3厘米左右切或剪断。盆内先垫2厘米左右的扦插基质。把气生根盘在盆内基质上，不要折断，气生根过长时也可以短截再填满基质，留1～2厘米的水口，然后喷透水保湿，遮荫60%～80%。保留气生根扦插比较费工、费时、占场地，多选用小盆扦插，每盆1个插穗，在室温24～30℃环境中，12～30天新根即可发生，成活率可达95%以上。

全部剪除时，留3片叶切断，剪除基部1片叶，叶痕下面2厘米左右再把气生根剪除或短截，在伤口处蘸硫磺粉或草木灰，防止病菌侵入影响植株成活。选用苗盘、苗浅或花盆为容器，装入扦插基质，距盆沿1～2厘米留水口，将枝条插入基质里，深度约为枝条的2/3为好，在基质中至少有1个芽。株行距以叶片互不挡光为准。然后喷透水保持土壤湿润，相对空气湿度保持在60%左右。在室温26～30℃环境中，20天左右新根发生。其优点是省场地、省时、省工，操作简单，成活率在80%～90%。新芽生出后脱盆分栽。

8. 在花场温室内扦插的龟背竹，将截断的茎横置于扦插基质上，为什么不直立扦插呢？

答：在温室内扦插龟背竹，将截断的茎蔓横置于扦插基质上，是因为茎与叶片角度为45°～90°，直立时不好加工，龟背竹茎节间生出气生根可变为正常根，茎蔓横置在基质上，茎与基质之间接触面积较大，生根较多，易成活，如果叶片与茎角度允许的情况下，直立扦插同样能成活。空气湿度较小，茎的先端伤口处收缩呈凹状，浇水或喷水时凹处易积水，造成积水面茎部腐烂影响成活率。将龟背竹的茎横置于扦插基质上，有叶时覆土3～5厘米，无叶时茎露出土外2/3。在保持土壤湿度，室温在25～30℃，空气湿度70%～85%，光照稍强的明亮环境中，20～30天即可生根，待新叶生出后分栽。

9. 家庭条件栽培的天鹅绒已经5年之久了，目前只有2片完整叶片，能否切下上部有叶部分扦插？没有叶的部分还能发芽吗？

答：家庭环境扦插天鹅绒蔓绿绒，在自然气温高于18℃以上时进行。容器可选用苗盘、苗浅、花盆或木箱，基质选用建筑沙土，如有条件应用蛭石或应用人工配制扦插基质则最好。扦插具体步骤如下：

(1) 准备容器：容器可选用16～20厘米深筒花盆，其材质选用通透较好的泥盆、白砂盆、苗浅、苗盘或浅木箱，将其洗刷洁净，风干后，装基质。

(2) 装入基质：装填基质前先将底孔垫好，基质装填至留2～2.5厘米水口处，并刮平压实浇透水。

(3) 切插穗：切割刀具宜平、洁净、锋利，最好应用前先行擦磨，以减少附着在刀具上的污物及有害菌类，有条件用沸水烫洗则更好。然后在距叶节下3～4厘米处，留1～2个叶节将插穗切下，如果有气生根时，应连同气生根一同切下。伤口涂蘸硫磺粉或新烧制的草木灰，防止伤流或有害菌类乘机侵害。

(4) 扦插：天鹅绒蔓绿绒叶片较大，又仅剩2片全叶，可不必再修剪叶片。如过于铺散，可用绳索将其轻轻向内捆拢，使其直立或基本直立，用手将扦插土掘开，放入插穗扶正后，四周填土并压实。也可选用相应直径的木棍、竹扦、金属钎等扎孔，将插穗放入孔中，四周用手压实或蹾实，置半阴场地（楼房环境置阳台内的窗台上，应垫接水盆。如果过于干燥，应罩塑料薄膜罩，保持空气湿度），浇透水后保持土壤偏湿，但不能积水。自然气温平均20～36℃环境，20天左右即可生根。待新叶发生后脱盆换栽培土，转入常规栽培。

已经无叶部分可按3～4个叶痕切断成为插穗，进行扦插大都能成活，但养护时间要长。成活后前期长势较弱，同样需要新叶长出后脱盆分栽，分栽时的平均温度不应低于18℃。切后的盆中老根，只要留有叶节或未被机械或病虫害损伤的潜伏芽，通常潜伏芽均会萌动长出新叶。应在切取其它插穗时，在伤口涂抹硫磺粉或新烧制的草木灰。在养护中减少浇水量，保持土壤润而不湿，并有较高的空气湿度及明亮的光照，气温不低于25℃，通常40～60天新芽即可萌动，随之长出新叶。家庭环境最好留盆至翌春脱盆换土。

10. 住华北小城市二层楼房，喜欢养花，因二层冬季光照较好，大部分花卉放在二层越冬，夏季能移至东侧平房房顶栽培，平顶面积约50平方米，有小遮荫棚。3年前选购'红宝石'、绿萝等棕柱盆栽植株，长势健壮。目前有的茎部叶片脱落，枝条超过棕柱1米有余，杂乱无章，怎样修剪扦插？

答：50平方米的栽培环境，实际上等于一个小型屋顶花园，且有小荫棚设施，已经能形成一个小的良好生长环境，要比阳台栽培容易得多。这种环境扦插'红宝石'或绿萝成活率不会太低，甚至可作小型的花卉供应基地。'红宝石'与绿萝虽然均属天南星科攀缘藤本观叶花卉，修剪、扦插方法大致相同，但生长习性差别较大。下面分别介绍：

（1）'红宝石'喜林芋：栽培养护适当，叶片维持时间比较长，修剪后生长2～4片叶后，即能长出标准的大叶片，故修剪后茎的上、中、下部任何部位的扦插苗，均能短时内生长出大叶。至于修剪位置应依据形态现状，如果下部脱叶较多，失去观赏价值，应由基部留2～3个潜伏芽，最好在叶痕上剪截。下、中、上3个部位的脱叶茎及带叶茎，均可作扦插插穗。如果基部脱叶很少，应整齐排列，可由棕柱的中部或全柱的2/3位置处修剪，修剪后在伤口涂抹硫磺粉或新烧制的草木灰，勤喷水少浇水，新芽萌动后每10～15天追肥1次，很快即能恢复观赏价值。无论'红宝石'喜林芋还是绿萝，茎上均生有大量气生根，这些气生根绝大多数扎入棕柱内，气生根牢牢地盘扎在一起，很难将其脱离棕柱，可将其切断仅将藤茎取下，切成若干段作插穗，但最先端一段最少应留2～3片叶片。如果选用单芽扦插，有叶的插穗可将茎横埋，也可斜向或直立。无叶的插穗最好直立，置荫棚下养护。

(2) 绿萝：叶片生长与维持寿命的时间相对比'红宝石'喜林芋短，叶子的寿命约480天左右，养护不当120天后即变黄脱落。生长几年的老植株多数脱落严重，失去观赏价值。另外绿萝扦插苗除先端外，中、下部幼株叶片不会生长成标准叶的大小，通常为小型叶，需待茎生长至2米以上，叶片才会逐渐变大，成为正常叶。这与根系多少及吸收碳量有关。实践中枝条先端部分切下作插穗，生根后能保持大叶，而中、下部端修剪后发生的新芽叶片会变小，因此先端部分仍可作棕柱栽培，中、下段则常作垂吊栽培，修剪时通常也只能由基部留3～4个完整的潜伏芽处切断。由中部修剪部分，也会有潜伏芽萌动。下部仍然是脱叶后的无叶枝条，故应由基部剪下，中、上部均可作插穗，留下基部有潜伏芽部分，发芽后短时间叶片也不会长大，因此只能用作垂吊用的母本，在花卉生产中往往弃之不用。作为棕柱攀缘的插穗只用先端部分。家庭环境或业余爱好，要求质量不是很高时，下部、中部枝条作插穗也可攀缘棕柱，只不过叶片小些。

屋顶扦插'红宝石'喜林芋或绿萝用的小荫棚，除建筑物应做防水层外，还应考虑雨季排水，并保证小荫棚有良好的防雨、防风、遮荫等设施，屋顶上还应铺设沙土、草席、木屑、锯末等任何一种保湿层，将扦插好的容器置于保湿层上，保证必要的空气湿度，每日喷水2～3次，待新叶发生后减至1～2次。夏季扦插通常20～30天即可生根。待新叶发生后分栽，无叶的插穗，因发生新叶晚，可留盆翌年晚春分栽。

11. 受长辈熏陶，自幼喜爱养花，高中毕业后，自办小园艺场，自产自销。目前有枝条繁密的心叶蔓绿绒十余株，能否疏剪扦插繁殖小苗？何时成活率最高？怎样才能多繁殖小苗，但又不影响成形植株作为商品？

答：春季是植物生长发育开始旺盛的季节，此时因气温不断升高，光照的增强，根系源源不断地吸收土壤中的养分及水分，致使生长发育迅速加快，如此季节扦插，插穗生根较快，成活率高。在结合修剪，保证植株形状大体不变的情况下，进行疏枝扦插繁殖小苗，相对比较容易。

要想多繁殖小苗，可采用单芽扦插的方法，在温室内准备扦插床，长约4米左右，宽约1.5米左右，也可根据扦插数量的多少来增大或减小扦插床面积。株行距依据叶片互不遮光为准，扦插床高度15～24厘米，最底部先填入约5厘米厚的粗沙作排水层，上面填入蛭石与珍珠岩的混合人工配制基质，比例约6：4，或者填入草炭土，厚度约8～13厘米。用利刀切取，用1片叶带1个萌动芽。也可全部应用建筑沙或细沙壤土扦插，将枝条分成若干段，插入或横埋于基质中，喷透水，加盖小弓子式塑料薄膜，保持空气湿度。再加盖遮荫网遮荫。月余新叶即可发生，而后掘苗上盆。

12. 据远方朋友来信说，他在一个大型花卉市场见到一种与绿萝相似的白斑叶攀柱花卉，叶片稍长呈心状，商家称'白金'葛。如果托朋友邮寄一些枝条，能否扦插繁殖？会不会因白斑叶过多影响成活？

答：'白金'葛与绿萝相似，白斑叶攀柱花卉，叶片稍长呈心状。它是天南星科、崖角藤属（藤芋属）的一个园艺栽培品种。邮寄枝条扦插繁殖，不会因白斑叶过多影响成活，只是扦插成活后，在栽培养护时，注意光照不要太暗，遮光40%～60%。如果光照不足，叶面白色斑块或斑纹消失。成活率的高低与季节有密切关联，高温季节与低温季节很容易受害，最好在春季气温15～18℃时快件邮寄，以保证较高成活率。

13. '星点'藤如何繁殖？

答：'星点'藤又称'银星'绿萝或'星点'绿萝。通常选用扦插繁殖，但生长速度慢，扦插生根也慢。要求较明亮的光照。插穗要切取，不要剪取，剪取的插穗因受压，伤口愈合慢，被压损伤的组织一旦腐烂，上部完好组织也会被污染随之腐烂，土壤含水量高、温度低、光照过弱更易发生。在20～26℃，相对空气湿度60%～80%环境中，30天左右生根。新叶发生后脱盆分栽。

14. 盆栽小龟背竹，一直用素沙土扦插繁殖。花友说漂浮水插、容器水插生根更快，分栽容易，请问专家这种方法可行吗？

答：小龟背竹又称斜叶龟背竹，小龟蔓绿绒。小叶龟背竹不是龟背竹属的，而是蔓绿绒属观叶花卉。其水插方法有容器水插及漂浮水插两种方法，第一种方法适用于家庭环境或业余爱好者，而小型花圃选用后者。因基质是水，所以对插穗选取及操作要求较为严格，不论应用容器或漂浮方法，其温度均需在24～30℃之间，过低过高均对生根不利。

(1) 切取修剪插穗：切取插穗前先将刀具擦磨洁净，如有条件可选用酒精、碘酒、高锰酸钾等消毒灭菌则更好。可切取先端至中部枝条，下部无叶或叶片老化的部分弃之不用。切取时刀具宜锋利，切口要求平滑整齐，如不整齐或有挤伤应重复再切。插穗长度为2～3个叶节及叶片，并带有无机械或病虫害损伤的完整潜伏芽，切取位置应在叶片下2～3厘米处，在这个范围内如已经生有白色生根点应尽可能保留，如果生根点在3厘米以外，不长于5厘米可延长切取点。切断后将基部1片叶切或剪除，伤口蘸涂硫磺粉或新烧制的草木灰，置通风良好处待伤口稍干燥后扦插。

(2) 容器水插：容器可选用瓶、罐、盆、箱等，只要能装水、移动方便的容器均可应用。应用前刷洗洁净，并配置塑料泡沫吹塑板或塑料海绵或软木塞作支撑物，广口容器可用金属网、金属线、竹扦、木棍等在沿口处做支架，灌水至容器的3/4左右位置，留1/4空气空间，然后将插穗固定在塑料泡沫吹塑板等或支架上，下端浸入水中。置半阴场地，如有条件保持相对空气湿度在70%～80%环境，更容易保存现有叶片的完整。每天喷水2～3次，生根不难。

(3) 漂浮水插：选用塑料吹塑泡沫板为漂浮支撑材料，厚度1～2.5厘米，用废包装箱材料时可不必考虑厚度，只要加上插穗重量放在水面上不下沉即可应用。也不要考虑其形状及尺度大小。当然有规整几何图形的更好。扦插时在吹塑板上用金属钎或木棍、竹扦等按8～10厘米×8～10厘米株行距扎稍大于插穗直径的圆孔，扎好后将插穗放入孔中，使其直立，下部露出软塑板3～4厘米，如有不能固定的插穗，最好用小块软塑板将其挤严，置晒水池或晒水缸中，并适当遮荫，水温不低于20℃，月余即可生根。生根后从水池中取出吹塑板，将其用手掰开，取出插穗上盆。

(4) 上盆后的养护：水插苗因长时间在高湿度环境中生根，上盆后应放置在半阴高湿空气环境中，使其适应新环境，因此除遮荫外，前期喷水或喷雾每天3～4次，并同时将场地地面及附近地面喷湿，10天后逐步减少喷水次数及喷水量，待新叶片发生后转入常规栽培。

15. 花圃将一株租摆后换回来仅剩先端几片叶、中下部全部脱叶的'翠玉'合果芋扔掉。如果剪取带叶及不带叶的枝条扦插，还有希望成活吗？

答：租摆换回来的'翠玉'合果芋因长时间在不良环境下摆放，自身贮存的养分大量消耗又不能得到补充，枝条的生命力已经非常脆弱，扔掉的时间越长，恢复的能力越弱，对各方面环境要求较为严格。扦插用的容器必须刷洗洁净，基质也需高温消毒或充分晾晒，家庭环境或小型花圃可选用建筑沙或细沙土。容器可选用花盆或小木箱，插穗多时可选用苗浅或苗盘或分格苗盘（穴盘）。枝条剪下后浸于清水中2～4小时后取出，枝条风干后即用洁净的刀具切取插穗，应切取不选用剪取，每段留3～4个叶痕，应带有完整潜伏芽，切段时如切口有伤流时，应涂蘸硫磺粉或新烧制的草木灰，也可应用木炭粉。必须用相应直径的木棍等工具在基质上打孔，然后将插穗放入孔中，四周压实，这样可减少插穗与基质的相互摩擦，减少外皮的损伤率。

带叶的插穗及无叶的插穗分为两个容器扦插。无叶的株行距5厘米×5厘米；有叶的株行距8～10厘米×8～10厘米。扦插好后无叶片的插穗置温室或光照稍强场地，有叶的插穗置半阴场地，浇水保持湿润，空气湿度最好保持在75%～80%。在温度24～28℃环境中，50～70天可陆续生根并发芽长叶，如养护适当，成活率能保持70%以上。待大部分插穗发生新叶后，脱盘分栽。这种枝条作插穗要求条件较高，养护时间长，既占场地也费劳力，如果不是为了保留品种或业余爱好观察，通常弃之不用。

16. 家庭环境栽培的'银皇帝'万年青已多年，每年换盆时加大一号，目前已经栽入直径40厘米花盆中了，长势还算不错。花丛越来越大，能否分株或扦插幼苗栽植于小盆中？

答：'银皇帝'万年青又称'银王'亮丝草。家庭环境分株或扦插应具备保温、保湿条件。在干燥的北方最好临时搭建分株或扦插棚，扦插棚需明亮，早晚有较好光照。

(1) 分株繁殖：最好选择在气温25～28℃或较高的环境。分栽前1～2天最好一次浇透水，使盆土在疏松状态，根系易脱离宿土。将盆栽植株脱盆后除去宿土，从自然可分离处按3～5株丛用刀切开，剪除烂根、老根及失去水分无侧根的根系。如根系有碰伤或折断，用草木灰、硫磺粉或烟灰处理一下伤口，防止腐烂。栽植于小盆时，底部可施少量的基肥，再填入2～3厘米的素土或普通培养土，将分株苗根系放置在栽培土上，使根系不接触肥料，较长的根可适当盘一下。然后填入栽培土，放在通风较好的临时棚内浇透水，并向叶面及场地四周喷雾或喷水，每天2～3次。1～2天后土壤表面略干时浇1次透水。约1个月后，转入常规养护管理。

(2) 扦插繁殖：家庭环境扦插'银皇帝'万年青在实施前最好临时搭建小型遮荫棚，也可选择光照柔和明亮的半阴场地，如果住楼房，应建立临时沙箱或沙盘及塑料薄膜箱、棚罩，用作保温、保湿。繁殖容器可选用花盆或苗浅、苗盘、穴盘等，应用前刷洗洁净。扦插基质选用充分晾晒过的建筑沙或沙壤土，有条件应用蛭石或人工配置的扦插土则最好。切取插穗茎长10～15厘米，基部剪除1～2个叶片，在伤口涂抹硫磺粉或新烧制的草木灰等。扦插的株行距以插穗互不遮光为度。置小荫棚下或设罩的半阴场地。住楼房环境，置阳台内的窗台上，或小沙箱、沙盘上，浇透水并向叶片喷水或喷雾，前期每天3～5次，保持场地或沙箱、沙盘等潮湿，

增加空气湿度，生根后减少浇水或喷水量及次数。在自然气温25～30℃
环境中，25～35天即可生根，温度越低生根越慢，如果自然气温降低到
15～20℃，则需60天左右才能生根，且生根后的叶片往往缩小。生根后
应及时脱盆分栽，分栽后的植株最好仍放回原处，保持原有环境，待叶片
恢复生长后逐步转入常规栽培。

17. 怎样繁殖'银皇后'万年青？

答：'银皇后'万年青，又称'银后'亮丝草，与'银王'亮丝草同
为亮丝草（广东万年青）园艺种，虽然形态有别，但习性基本相同。

阳台或家庭繁殖，其繁殖方法可参照'银王'亮丝草。

(1) 温室里分株繁殖：于春季室温在15℃以上时，将多年生植株脱
盆，除去宿土，从自然可切分位置按1～3株用利刀切开，切分时尽可能
少伤或不伤根系，切开后及时涂抹硫磺粉或新烧制的草木灰，涂抹后如
仍有伤流，应二次涂抹，然后依据株丛大小选择口径12～16厘米深筒花
盆，用纱网垫好底孔，选用栽培土上盆。置温室内半阴环境中，浇透水后
喷水洗叶，保持盆土湿润不积水、不干旱，在20～26℃、空气湿度60%左
右环境中，20天左右即可恢复生长。低温时，恢复生长慢，时间长。

(2) 夏季荫棚下分株：荫棚须有防雨、防风设施，场地排水良好，遮
荫度65%～75%。栽植后置荫棚下，摆放宜横成行、竖成线，并留有操作
人行道。摆后浇透水，同时喷水洗叶，并将场地四周喷湿，保持四周附近
无杂草，高温干旱天气增加喷水次数。在自然气温正常、无灾害天气环境
下，月余即可恢复常规养护。分切栽植方法与温室分株繁殖相同。

18. 家住北方大城市楼房，退休在家，喜花爱卉多年，喜爱自繁自养。冬末春初时节老友送给我红叶合果芋枝条2枝，每枝长约30厘米。怎样扦插才能成活？

答：红叶合果芋不但能攀缘棕柱，还可以垂吊栽培，为一种非常美丽
的观叶花卉。扦插繁殖只要创造适宜环境，成活不难。

(1) 准备容器：家庭或楼房阳台条件选用花盆，对花盆材质要求不

严，但以瓦盆最好，盆口直径大小可依据情况选用，不必追求形式，如花盆不方便，也可自制小浅木箱。最重要的是洁净，特别是用过多年的花盆，更应浸泡除碱去污。温室环境多选用苗浅、苗盘、穴盘、木箱等稍大容器。如果繁殖数量较大，也可以砌筑苗床。

(2) 基质的选择：家庭条件扦插的基质材料，有什么材料就用什么材料，不必舍近求远，但必须高温灭菌或充分晾晒，曾经有过大量腐烂的现象最好弃之不用。如果应用建筑沙或细沙壤土，应取地表40厘米以上部位，也需灭菌处理。花圃条件要比家庭条件优越得多，可选用建筑沙、细沙壤土、蛭石等单项材料作基质，也可选用人工合成的混合基质，仍然需要消毒灭菌，千万不可取来即用。在边远地区无法找到上述基质，也可以选用树屑加沙土或锯末加沙土，比例最好沙土占60%，其它基质为40%。另外应用河沙、风化岩沙效果尚好。如果这些基质也难寻觅，可搭建小塑料棚，内拴绳索将其悬挂，保持高湿的空气扦插或水插均能良好生根。

(3) 填装基质：容器底孔大的花盆、苗浅应垫孔，垫孔材料可选用纱网、碎瓷片、碎瓦片，但前者最好，底孔小的填满后不漏基质也可不垫。然后填满至留1~2厘米水口。如果应用蛭石，应在填装前先加水翻拌，待吸足水分后再填满，随填满随压实后，再次浇透水。

(4) 剪取修整插穗：合果芋属观叶花卉繁殖，最好用先端嫩枝，嫩枝生长快易成形，但中、下部枝作插穗也能良好生长发芽，只不过生根、发芽后，前期生长稍慢一些，中期即可加快。切取时按2~4个叶片，并带有完整潜伏芽为1枝，要求切口平整，无撕皮及毛刺，再将基部1片叶剪除，如发现有伤流应及时蘸抹硫磺粉或新烧制的草木灰或木炭粉。叶片横生、斜生或过于松散时，应将其与茎捎绑拢，以减小株行距，增加插穗数量。

(5) 扦插：必须选用稍大于插穗茎干直径的木棍、竹扦等扎孔，将插穗插入孔中，并将四周压实。插入基质的部分最少带有1个叶芽，插穗深度以能喷水或浇水时直立不倒伏为准，插穗的扦插深度越深生根越慢，越浅生根越快，这是因土温是由土表向下逐步降低的原因。另外土表越松，温度传导越快，土表的土壤越密传导越慢。容器壁孔隙越大传导越快，反之则慢。

(6) 养护：扦插完成后置半阴处。楼房环境放在阳台内之窗台上预先准备好的沙盘或沙箱上，也可垫接水盘保持盘内有水，浇水或喷透水，高温干燥天气，每天喷水2～3次，喷水宜将场地四周同时喷洒，增加小环境空气湿度。通常在棚下自然温度24～30℃，空气湿度80%左右，12～20天即可生根。新叶萌动后分栽。

---

19. 栽培的羽叶蔓绿绒，无论放在花房还是放在办公室，总是1根枝条，1丛叶片。请问怎样才能发生侧枝而后扦插繁殖？

答：羽叶蔓绿绒基部不产生分蘖的主要原因有：植株尚小不到产生蘖芽的年龄，或栽培容器过小，栽培养护中水肥养护不当，盆土过于贫瘠，空气过于干燥，光照不足等。应于春季脱盆换土，填土时将短茎全部埋入土壤中或仅留很少一部分。如果容器过小，同时换大盆。应用栽培土栽植并应施入基肥，置较明亮、潮湿的场地，勤喷水洗叶，保持盆土润湿不积水。换土后短茎上很快发生气生不定根，说明水分、湿度、室温正适宜。每15～20天追液肥1次，即会在短节处滋生侧芽（蘖芽）。侧芽生长至2～3片叶时，即可切离母本，通常伤口较大时，切后及时涂抹硫磺粉。切下的侧枝无论带根或不带根，均需选用无肥土壤栽植或扦插。分株或扦插的时间最好在春夏之间。在温室内如温度允许四季均可进行，但成活率不如春夏间高。

---

20. 垂吊栽培的'白蝴蝶'合果芋，自身在节间发生不少气生根，能否剪下来直接栽植？哪个季节栽植最好？成活后能否摘心修剪促其多发生新枝？

答：将带有气生根的枝条用利刀切下来栽植，最好选择春季，此时气温逐步增高，根系吸收水分、养分加速，节间自身储存养分尚未全部消耗，活力逐步增加。修剪插穗时可多留几个节，约在4～5节处将基部1～2片叶子切除。勿伤及气生不定根，气生不定根勿盘在一起，要舒展开，以利根系均衡吸收水分及养分，如果受盆壁半径所限也应分开盘绕。栽植后要置潮湿、半阴处。楼房阳台置阳台内窗台上，罩塑料薄膜罩，容器下设接水盘，保持盘内不断水。保持空气湿度70%～80%。成活后，及时分栽，待新叶5～8片时，基部留3～4片叶修剪，促发侧枝。

21. 阳台栽培的'白脉'广东万年青，花友称'银脉'亮丝草，基部已经脱叶，能否从基部修剪，剪下的枝条进行扦插？

答：修剪'银脉'亮丝草，适宜在春季4～5月进行，修剪由基部向上留3～4个叶节，将上部用利刀切下，两方伤口及时涂抹硫磺粉或新烧制的草木灰或烟灰，防止病菌侵入而腐烂。老本（剪掉枝条的老茎）保持适宜的空气湿度。剪除枝条后的母本生理活动和新陈代谢同时减慢，应尽量少浇水，盆表土微干时再浇水，温度保持在15℃～30℃，约20～30天萌发新芽。修剪下来的枝条，先端嫩枝的插穗长约10～15厘米，留3～4片叶，基部要切平。待切口干燥后即可扦插。保持较高的空气湿度，可以套塑料薄膜保湿。放在半阴场地。切取下部的插穗时，切成长约10厘米的小段，最少有2～3个叶节，并带有完整潜伏芽，待切口稍干后，扦插在经消毒灭菌或充分晾晒的建筑沙、细沙土或蛭石与珍珠岩的混合基质中，保持盆内及四周的空气湿度，加盖塑料薄膜罩保湿，约30天左右生根。待新叶发生后栽植。

22. 花友到南方旅游，带回两株称为掌叶喜林芋的裸根小苗，裂片8～12片，呈掌状独立生长在一个总叶柄上。因携带的物品较多，不慎将茎压折，折断的上半部已经将伤口涂抹硫磺粉后，扦插于素沙床上，怎样养护才能成活？

答：折断后基部选用无肥栽培土上盆，放置在光照柔和场地，浇透水后保持盆土不过干，不积水，气温不低于15℃，遮荫率65%～80%，相对空气湿度60%～75%环境中。随自然气温逐步增高，很快会发生侧芽并生长。叶片发生后适量追施稀薄液肥。先端部分已经扦插在繁殖床上，不必再移动，如果平均气温低于15℃，保持基质不过湿，土表见干时喷水或喷雾。光照稍强，在塑料薄膜棚中北侧不必遮荫。在室温20～30℃环境中，20～30天即可生根。新叶萌动后掘苗上盆。

23. 租摆换回来的棕柱冠叶蔓绿绒，能否换回后进行修剪扦插繁殖，可否在中部修剪，盆中再补栽几棵以遮掩脱叶部分？

答：冠叶蔓绿绒修剪扦插繁殖，在我国南方温暖地区可四季进行。如果北方有简易温室的条件下，也可四季扦插繁殖，总之只要温度在24～27℃之间，均可扦插繁殖。将中部修剪后，盆中再补栽几棵全叶的植株，能遮掩脱叶部分，修剪后的主枝发生侧枝、长出新芽后还能继续使用，租摆摆放时，仍能有观赏价值，但不会很高。待摆放一段时间后，补栽的枝条与上部枝条重叠，造成株型不整齐，上部较肥大，下部较瘦，给人一种头重脚轻的感觉，观赏价值降低。补栽时，不脱盆不能组合，费工费时，养护繁杂，通常运回后将先端枝条剪下作繁殖更新，老株即作淘汰。观赏植物要求整齐端正，又不失潇洒、活泼、自然。盆栽植株选用补苗遮掩得当，尚能有观赏价值，如遮掩不当，残藤伤叶外露，观赏价值下降，甚至失去观赏价值，就没有补苗的意义了。为保证商品信誉，最好不提倡这种做法。

24. 由花卉市场引来攀柱的心叶树藤，运输当中不慎将大部分叶片损伤，怎么办才好？

答：心叶树藤在花卉市场通常称为小叶绿萝，是蔓绿绒属植物。枝叶韧性较强，并不硬脆，只要包扎正确，在运输途中很少出现人为机械损伤。心叶树藤主要繁殖方法为扦插，部分叶片受人为损伤后，将枝条完好部分修剪成插穗能扦插成活。攀缘棕柱的心叶树藤枝叶密集，气生不定根多数扎入棕柱中，很难将其完整取出，应用专用扦插剪刀或利刀将根截断取下枝条，如能带部分气生根则更好。扦插时尽可能不伤枝条(藤蔓)，将其剪切成3～4个叶节1枝，应将带叶的归放在一起，不带叶的放在一起，长的放在一起，短的放在一起，分别堆放，并分别扦插。枝条严重受机械损伤的弃之不用。

扦插好后，有叶的置温室半阴场地，无叶的置光照较好场地。阳台环境置阳台窗台上，应垫沙盘或接水盘，浇透水保持基质湿润不积水，阳台环境沙盘保持较多含水量,接水盘内保持有水。温室环境每天喷水或喷雾1～2次，阳台则需3～5次。自然气温在20～27℃之间很快即能生根。新根发生的时间，在温室内快，家庭平房或阳台环境要慢一些，但成活率差别不会很大。如果为了多繁殖，不带叶枝条可充分利用，家庭条件自繁、自养、自己观赏可弃之不用，这部分枝条在空气湿度不足，自然气温过高或过低环境中，生根较慢，生根发芽后长势弱，需待根系健全后才能健壮生长。

25. 北向阳台上盆栽'白蝴蝶'合果芋，其中一株生长至0.5米左右时，上部出现全绿色叶片，长势快于斑叶枝条，6～9片叶均无白色。用这种扦插苗是否还会出现斑叶？

答：'白蝴蝶'合果芋出现全绿叶，白斑消失的原因有长时间光照不足、氮肥过多、返祖变异等几方面原因。

有白斑的叶片靠绿色部分进行光合作用等制造营养供其消耗，光照不足，光合作用等减弱，白斑部分逐渐消失。这种情况增加光照强度后，经一段时间恢复，新生叶仍可出现白斑，但已经变为绿色的叶片不能复原。

施用氮肥过多，细胞组织分裂速度快，绿色细胞分裂快于白色组织部分，白色逐步消失。当氮肥供应平衡或不足时，白色部分仍能复原，同样已经完全绿色的叶片不能复原。

返祖变异：'白蝴蝶'合果芋为合果芋的斑叶变种，其最基础的叶色仍为绿色，一旦因某种物质或特殊环境的刺激使其恢复原有形态变为绿色，通常称为返祖，这种变异很少能再出现白色。虽然体内仍有白色变异基因，选用扦插繁殖其变化几率很小，极少能再出现白斑。扦插苗如再次受某种特殊环境刺激，有可能出现斑叶，但斑叶不一定会是原来形态。

26. 在南方植物园中见有一种极似心叶蔓绿绒的攀缘观叶花卉爬在树上，但标牌上却明确标明为长叶合果芋(*syngonium macrop hyllum*)，想问一下区别在何处？怎样繁殖？

答：长叶合果芋又称大叶合果芋，与心叶蔓绿绒在形态上虽然相似，但仔细观察还是有区别的。长叶合果芋长势粗壮，叶片节间长，成形叶长达30多厘米，长心形，先端渐尖，基部心形，叶脉由基部至先端，无明显光泽，叶色微带红色，茎节处可生气生根，粗壮而长。

心叶蔓绿绒叶节短，成型叶长10厘米左右，宽6~8厘米左右，心形，先端尖，基部心形叶脉明显下凹，有光泽，气生根相对较短。

长叶合果芋通常选用扦插繁殖，繁殖方法参照红叶合果芋，养护适当相对生根快，也可将带气生不定根的插穗直接栽植，成活率也不低。

*27.*怎样繁殖黛粉叶？

答：黛粉叶又称花叶万年青。繁殖方法多用常规扦插或以水为基质扦插。常规扦插有两种形式，即苗床扦插及容器扦插。修剪插穗的方法基本一致，扦插方式因带叶与不带叶插穗不同，容器也各异。

(1) 插床：单面采光温室多选用普通砖石砌筑，插床设或不设给排水及循环用水设施；多面采光温室除用固定插床外，还可设移动扦插床。

固定插床：当繁殖批量不是很大时，多用于普通单面玻璃温室或塑料薄膜大棚。选温室中不妨碍通行、又操作方便的场地，平整好用地后，东西为长向最长不长于6米，宽不大于1.8米，过宽操作不方便，南侧应留40~50厘米室内空气流通通道，北侧为人行或养护管理通道。确定位置后，向地面浇一遍杀虫剂，可选用50%辛硫磷乳油1000倍液，40%氧化乐果乳油1200倍液，80%敌敌畏乳油1000倍液，50%马拉硫磷乳油将地下害虫杀除。待药剂渗入地下后，铺一层塑料薄膜，再用普通红砖按上述长宽尺度筑池，池底满铺干码砖。墙体有两种情况，临时性的砌砖不加黏结剂，如水泥砂浆、石灰浆等；永久性的可用1：3水泥砂浆或1：2.5白灰砂浆砌筑后，外面及上面抹面，墙体高度30~50厘米，内填建筑用陶粒10~30厘米，如有条件可先铺1~2层防虫网，再铺扦插基质。为节省造价，可选用建筑沙或细沙壤土厚15~18厘米，留2厘米水口，并喷水自行下沉夯实，稍干后刮平，即可扦插插穗。

移动插床：多用于反季节或极珍贵品种扦插，或某种科学实验。为一种带有加温设施、能自动控制土温，有光源，能自动控制光照强度、光照时间，能移动的插床，外形很像医院送药车，其高度约1米，底部为全部密封，车厢中设有电控自动温、湿及光照设施，最上面为插床。

(2) 容器扦插：插穗数量较多时，可选用苗浅、苗盘、穴盘、浅木箱。苗浅为一种传统用于扦插繁殖或播种的专用瓦质花盆，花盆直径30～50厘米，高度约10～15厘米。苗盘、穴盘为硬塑料制品，目前规格较多，应依据插穗大小、数量多少而定。浅木箱不是商品，需自行制作，通常为长方形，尺度没有固定标准，以一人能搬动为准，习惯上以60×40×15（厘米）的尺度制作，最好选用1.5～2.4厘米厚板材，过厚较为沉重搬动费力，过薄易散坏，不易制作。如果繁殖数量不大或阳台条件，可选用普通瓦盆，阳台扦插应准备接水托盘或沙盘或沙箱，也可选用无孔苗浅、苗盘或穴盘。穴盘选用市场供应的硬塑盘。沙箱可自行制作，通常选用木板定制，尺度以放置场地大小而定，习惯上选用长20～40厘米，宽20～40厘米，高15厘米，不留底孔，如有条件应用穴苗盘，硬塑盘则更好，有人应用泡沫塑料箱效果也很好。不论应用哪种容器，均需应用前刷洗洁净，应保证无病菌侵扰。基质仍然选用建筑沙或细沙壤土，如果有蛭石或珍珠岩，或配置好的人工基质则更好。

（3）扦插：由母本切取插穗时，由地表以上留2～3个叶节，在节上端1～3厘米处用利刀切下，两个伤口处涂抹硫磺粉或新烧制的草木灰，防止伤流及有害菌类侵害。枝条切下后先将有叶部分按3～4片叶一段切开，最先端插穗堆放在一起，先端有叶片的堆放在一起，无叶片的按2～4个叶痕切段堆放在一起，并分别扦插。最先端扦插穗基部切除1～2个叶片直立扦插；其它带叶段插穗留1～2片叶斜向扦插，使叶片呈直立状态，也可将叶片与茎杆用绳线捆绑在一起后直立扦插；无叶插穗横埋，插穗露出基质外1/3～1/5，也可直立扦插。插好后喷水或喷雾，如有倒伏或外露过多及时处理。

（4）扦插后养护：扦插后适当遮荫，喷水保湿，阳台环境置阳台内之窗台或搭制的花架的沙盘、托盘或沙箱上，除每天喷水1～2次外，应保持沙盘含水量呈饱和状态。温度在26～30℃之间时20～30天可生根，插穗萌动较慢的，60天才能生根发芽。新叶发生后分栽。天南星科中藤蔓类、直立茎类，可通用此类方法扦插繁殖。

28. 除组织培养外，怎样较快地繁殖战神喜林芋？

答：战神喜林芋的成型植株在土、肥、水、光、温、风等6因子合适的环境中，能良好地发生侧芽，选用分株繁殖数量增加不会太慢。如在这种良好环境中很少或不发生侧芽，为了多繁殖小苗，可将母本先端生长点用利刀破坏，促生侧芽，被破坏生长点的母本很快会发生2～4个侧芽，当侧芽2～3片叶时切下分栽或扦插，母本仍会发生侧芽，由此日复一日、月复一月不断地切取侧芽，直至母本无潜伏芽为止，能繁殖几十株幼苗。养护中应盆土湿润，空气湿度不宜过高，保持相对湿度60%～70%，并及时处理切口处伤流及防治病害。

29. 巴拿马喜林芋开花后结了种子何时采收？如何播种？

答：巴拿马喜林芋又称丛叶喜林芋，为直立型种类，很少开花结实。喜林芋类如欲结实，需行人工辅助授粉，结实后多施磷钾肥，每10～15天1次，直至将变色萎蔫时采收。采后用清水洗去外果皮、果肉等杂物，阴干后随即播于苗床，覆土2～2.5厘米，喷水后保持土壤湿润，在室温24～27℃环境中40～50天出苗。苗期生长较慢，留床时间长，待小苗3～4片叶时掘苗分栽。如果数量不多，也可点播于苗浅、苗盘、穴盘（分格苗盘），或10厘米×10厘米小软塑钵中，苗浅、苗盘、花盆株行距不小于8厘米×8厘米，穴盘每穴播种子1粒，小软塑钵每钵1粒，用大规格软塑钵时可参照花盆株行距处理。容器播种出苗时间与苗床基本相同，但出苗后长势慢，留盆时间长，出苗不整齐，90天后仍有小苗相继出土，但迟出的苗生长并不比早出的苗生长慢。

30. 附着在墙上的龟背竹，在花托上生有红色种子，能否采收播种？

答：龟背竹扦插繁殖成活率很高，且易成型，极少选用种子繁殖。播种繁殖多用于杂交育种，或观察生长过程。如欲播种，应于果实呈萎蔫状态时采收，采收后除去外果皮及果肉，洗净种子，置温室通风良好处。准备苗床或容器及播种基质，基质最好先用高温灭虫灭菌，填装入苗床或容器中，浸透水，水全部渗下后即行点播，株行距不应小于8厘米×8厘米，覆土厚度2～2.5厘米。容器播种中的穴盘或小软塑钵，每穴或钵中播种子1粒，置半阴场地，在室温24～28℃环境中25～35天出苗，出苗不整齐，

120天后仍有小苗出土，出土率约60%。小苗1～2片叶分栽，穴盘苗、小软塑钵苗2～3片叶定植。

---

31. 沿外墙壁攀缘的合果芋结种子后何时采收？如何播种？

答：合果芋栽培苗很少开花结实，容器栽培环境中几乎不能开花结实。在自然环境极适合生长发育地区或观赏温室内如果已结实，应适当追加磷钾肥，使种子成熟时籽粒饱满。果实充分成熟时采收，播种方法及分苗参照龟背竹。

---

32. 在小河浅水中挖取的菖蒲，1簇有20多棵幼苗，怎样分栽才能保证成活？

答：菖蒲适应性强，分株栽植成活率很高。在池塘小溪中常见有大的株丛，有的地方连成片，根系多而长，挖掘时最好距株丛外20厘米左右位置掘起，除去宿土，使根茎全部裸露，然后每3～5株成丛切离，勿伤叶片。如果仍栽植在岸边或池水中，可直接挖掘出栽植，填土压实，成活率在95%以上。如果容器栽培，应用普通园土，选用无底孔容器栽植，覆土时要比分栽前高8～10厘米，浇透水，水面比土面深5～10厘米，应保持水面深度，置半阴或直射光下养护，春季栽植20天左右即可发新根，夏季7～10天即可生根，1～2个月即能发生新根茎，成活率几乎100%。北京地区冬季温室内可常温越冬，在土壤含水量较高的情况下，则为宿根性，第二年仍可健壮发芽恢复生长。冬季土壤过于干旱则导致干旱死亡。

---

33. 金钱蒲在北方温室内能分株繁殖吗？怎样分株？

答：金钱蒲在北方多数为容器栽培，喜欢酸性土壤，pH值最好为5.5～7，不耐盐碱。分株时可选用建筑沙40%、园土40%、腐叶土20%拌匀后栽植；或无肥腐叶土40%，细沙60%，另加腐熟饼肥5%的人工配制土壤。金钱蒲根茎短，切取时应于自然能分切部位带根切下后栽植，有条件带些宿土则更好。栽植后置潮湿半阴场地，喷水养护，容器中不积水，在自然室温24～26℃环境中，15～20天可发生新根，新根长出后转入常规栽培。

*34.*北方夏季如何繁殖大藻?

答：大藻为浮水花卉，根浸于水中，叶片浮于水面，在春季生长旺盛时期，由根处产生细嫩的水下走茎，每个茎先端生成一个新的幼苗，在环境适宜时，可生几个多则几十个幼苗。将全株捞起后，用利剪将小幼苗剪下，连同母本同时放在水中，剪切后的小苗因自身有根系，成活不难。

*35.*灯台莲开花结下一簇红色的果实，何时采收? 如何播种?

答：灯台莲红色果实已经成熟，最好不要在鲜艳时过早采收，待果实稍萎蔫时采收。采收后将外果皮清除，用清水洗净的种子可随即播种。播种土选用经充分晾晒的细沙土50%，腐叶土或草炭土50%，拌匀后装入容器，可用口径16～20厘米花盆，每盆3～5粒，如选用小软钵应每钵1粒，置温室半阴场地，通常当年不出苗，翌春出苗。春夏季分栽，秋季自能长成小球根，2年后仍用球根栽培。球根偶有分蘖子球，也可作繁殖材料。

*36.*怎样繁殖半夏?

答：繁殖半夏可选用播种及播珠芽两种方法。

(1) 播种：于8～9月，将成熟的青紫色浆果，采回后除去外果皮及果肉，用清水洗净种子后即播。播种选用细沙土50%，腐叶土或草炭土50%可直接播于12厘米×16厘米口径盆中或小软塑钵中，每盆播种15～20粒，10厘米×10厘米小软塑钵3～4粒，覆土1～2厘米，置冷室中越冬，越冬期间保持盆土不过干不积水，翌春出苗。小苗当年生1片叶，但不影响小球根形成。过3年春季发芽前或过2年叶片枯干后脱盆组合栽植，成形植株有2片叶，作为观赏类，每盆常播种多个小球根才能有观赏价值。

(2) 珠芽繁殖：珠芽又称零余子，是在叶柄上生有的小球根。半夏珠芽多为卵圆形，初为绿色，叶片枯干后变为干黄或褐黄色，先端具尖，其尖即为芽。在秋季叶柄要干枯时采收即播，方法同播种。

37. 用什么方法繁殖沙洲草？

答：沙洲草为隐棒花的别名，为潜水植物，在贵州、广西等地浅水中有野生，根生在泥土中，叶花潜于水中。通常选用播种或分株两种方法繁殖。

(1) 播种：佛焰苞变黄时连同总柄采收，除去佛焰苞取出果实，再剥除外果皮、果肉，用清水洗净种子即播。播种方法：选无底孔花盆，播种土选用无污染并经充分晾晒的塘泥、河泥或普通园土，填装入花盆高的1/3～1/2，花盆中央放一个有底孔的小花盆（防溅盆），向小花盆内灌水，使水分呈饱和状态。将种子撒播于土面，覆土1～2厘米，再行灌水，灌至土面上4～6厘米，置温室光照充足场地，室温保持24～26℃，最低不低于20℃，通常20天左右即可出苗。出苗后随小苗生长，将水面加深，使其潜伏于水中。苗高10～15厘米时分栽。如无条件立即播种，种子可行水藏温室内越冬，翌春播种。

(2) 分株：盆栽苗将水排出，盆洗净宿土，将单株切离丛体仍放于水中。选用无化学物质污染的塘泥、河泥、普通园土栽植。如用于水族箱时，可用建筑砂或建筑白色八厘砂栽植，沉于水中，置光照明亮或上午、下午直晒场地，中午光照过强地区最好稍遮荫，即能良好生长。

38. 石菖蒲如何繁殖？

答：石菖蒲的繁殖方法有播种、扦插、分株3种方法，应用最广泛的为分株及扦插。

(1) 分株：适应性较强，成活率高，在北方除冬季外均可进行，南方暖地四季可行。池栽丛生苗掘苗时，应于外轮苗以外15～20厘米处掘苗，除去宿土并用清水洗涮，然后按3～5株丛或单株带根切离并及时栽植。如当时无条件立即栽植，可于水中用粗沙（建筑沙）囤苗，或短时间漂浮水面保持不失水。栽植土可选用经充分晾晒或高温灭虫灭菌的河泥、塘泥或普通的园土，栽植后置半阴环境立即灌水，水深不浅于15～30厘米，春、夏季分株10～15天新根即可发生。水容器栽培苗、温室水池栽培苗、水族箱栽培苗等，将丛生苗拔取或脱盆后洗净宿土，按单株或3～5株切离后重新栽植即可成活。

(2) 扦插：多用于供应市场的水族箱苗。切取插穗时，于短茎或横生茎叶节下带2～3厘米根茎处切取，不影响切后母本再度发生新芽，而且新芽发生的数量成倍增加。扦插基质多选用建筑沙，容器多选用16～20厘米瓦盆或用金属物编制的筐篓。操作时在盆内填入2/3左右沙土，再将插穗稳固在沙土中，使其稳固直立后再次填沙土，使沙土高于茎的生长点，置入水中保持水深不少于10厘米，水温24～28℃，15～20天即可生根。生根后即可分栽或供应市场。据一位南方朋友介绍，他用钢网浮球扦插，更省工省时，更易调整水深，其方法为选1.2米×1.2米（可任意调整尺度）一块大孔镀锌铁丝网，网上用塑料绳拴150个塑料夹子，将插穗夹在夹子上，每块金属网拴1～4个浮球，然后置入水池或水塘中，通常20～30天即可生根，捞出金属网，摘下插穗洗净后栽植，或供应市场。

(3) 播种：果实成熟后即可采收，荫干后干藏或采下后去杂即播。容器播种温室内越冬，池播可露地越冬，翌春出苗。干藏种子可春夏间播种，播后应保持水湿，种子萌芽期一旦遇干旱，小芽干枯将无法补救。播种土选用无污染、经充分晾晒或高温灭虫灭菌的河泥、塘泥或普通园土，覆土厚度1～2厘米，水的酸碱度应在pH值5.5～7之间。出苗基本整齐，小苗高10厘米左右分栽。

39. 繁殖海芋有几种方法？

答：繁殖海芋最常用的方法为分株，也可选用扦插、播种等方法。

(1) 分株：春季结合换土，将主干基部发生的侧枝以及土面以下通过走茎产生的小苗带根切下，切口涂抹硫磺粉或新烧制的草木灰或木炭粉，然后选用栽培土栽植。如果土壤及伤口消毒灭菌得当，成活率应在98%以上。

(2) 扦插：多用于大型植株。中下部叶片全部脱落，观赏价值降低或无观赏价值的植株，于春季或夏季用利刀将先端切下，必需涂抹硫磺粉或新烧制的草木灰或木炭粉，防止伤流及有害菌类感染而腐烂，留2～3片叶，多余叶片全部剪除，置空气湿度70%～80%半阴场地，每天向叶片喷水或喷雾，勿喷向切口，待切口干燥后扦插。扦插基质最好选用建筑沙或细沙土，容器选用花盆，先将花盆底孔垫好，填装扦插土1/3左右，将插穗直立放好，四周填扦插土，并压实稳固，置通风良好之半阴处，浇透水后，每天喷水1～2次，同时将场地四周喷湿，增加空气湿度，20～26天即可生根。留盆越冬，翌春换土重栽。

(3) 播种：果实变红后采收，除去外果皮及果肉洗净种子，阴干后即播于播种土中，置温室北侧，盆土不宜过干。翌年春夏间出苗，小苗长势缓慢，当年只有1～2片叶，第三年春季分栽。播种容器可选用苗浅或苗盘或花盆，选用点播方法，株行距5厘米×5厘米，覆土厚度1～2厘米，覆土过厚出苗慢，出苗不整齐。出苗率约为60%。

40. 工厂在北方大城市，厂区要求春、夏、秋3季用盆花装点。去年春季餐厅购进一批芋头，食用之余剩下80多个较小的球根，索取后栽植于口径40厘米花盆中，每盆4～6个，2片叶后，摆放在大门两旁很美观。领导问是什么花卉，告知为食用芋头。请问除由农贸市场购球茎外，有无办法自行繁殖？

答：芋头指芋的根茎部分，在北方自行繁殖，从经济角度讲不省资金，但不是不可行。可分株（分球）及播种繁殖。

(1) 分株：秋冬之际地上部分干枯后，脱盆，将球茎上发生的小球茎用手掰下，放在通风良好的半阴处，并将球茎按大小分别收藏，收藏要在伤口处干燥后进行。翌春分别栽植即可。如果小球茎数量较多，可用平畦栽培养球，数量不多可分盆栽植，前者长势快，球茎大，栽培1～2年即有观赏价值，后者长势慢。

(2) 播种：北方地区开花不多，如欲使其结实，应于花期进行人工辅助授粉，授粉时将佛焰苞切除使肉穗花序全部裸露，用新毛笔将雄蕊药苞上的花粉蘸下点在雌蕊柱头上。授粉时间最好在上午9：00至下午4：00，上午1次下午1次，连续3～4天，应用隔离袋套好扎严。果实成熟后采收，除去外果皮洗净种子，置通风良好处阴干后，即可播种或沙藏翌春播种。种子出苗不整齐，出苗率约70%左右。小苗1～2片真叶时分栽，或留盆中3年后分栽。

41. 在简易温室中曾两次扦插'星点'藤，均以发生腐烂而告终，为什么不能成活呢？

答：'星点'藤扦插后，插穗产生腐烂的主要原因有切取插穗方法不当、基质选择不当、水分与温度配合不当等。

(1) 切取插穗：插穗必需要切取，不要剪取，利刀切取，一方受力，伤口均匀，组织细胞破坏少，愈伤组织形成快；而剪取时剪刀两向施力形成挤压，造成伤口处不平整，细胞组织被压碎，有害菌类容易堆积于伤口处，继而侵染。万不可图一时省事而剪取，一定要选用切取。

(2) 扦插基质：一定要选用前面介绍过的扦插基质，尽可能不选用通透性差、易积水及含有肥料的基质，基质要经过充分晾晒或高温灭虫灭菌后应用。更不要利用旧盆土，如选用的基质已经多次应用，应取出灭菌后再填回应用或更换新基质。扦插时先用木棍等工具扎孔，将插穗置入孔中，四周压实，不能直接硬插，防止损伤外皮，一时图省事将造成不可弥补的损失。

(3) 温度、湿度与土壤含水量的配合：星点藤生根温度为22～28℃，空气湿度最好在70%～85%。因扦插季节不同，浇水量应适当调整，温度高多浇水，温度低则少浇。在室温较低、浇水过多、过勤情况下，土壤含水量多，相对空气较少，升温必然较慢，给有害菌类制造了侵入条件，造成腐烂。此时如土壤含水量稍低，空气含量高，升温快，而能有较长时间给愈伤及生根制造条件，这种遗憾就会大量减少。另外光照较好，也会造成土温升高，光合作用加快必然生根快，不给腐烂留机会，也是成活的主要因素。

42. 容器栽培的大叶观音莲已有3年，从来未出现小球茎，应怎样繁殖？

答：观音莲类在良好环境中栽培，在主球茎上能产生子球，但产生量并不多。为繁殖幼株，可选用切茎方法。于春季将越冬贮藏的根茎，用清水洗净，阴干后切成2～4段，每段长2～3厘米，伤口涂蘸硫磺粉或新烧制的草木灰或木炭粉，置室内通风良好场地，待伤口干燥后假植于备好的苗床或容器中，浇透水后保持基质湿润，在室温26～30℃，光照明亮，相对空气湿度80%以上环境中，30天左右即可在截断的茎上生根，随之发生新芽长成小苗，小苗1～2片叶时，基部会长出幼根，轻轻掘开基质，用利刀将其切下，母本及幼苗伤口仍需涂抹硫磺粉等另行栽植。母本仍需正常养护，仍会再发生小苗。

43. 白金葛在阳台环境能否扦插繁殖小苗？

答：阳台扦插天南星科藤本花卉最好配备沙盘、沙箱，或接水盘。天南星科藤本观叶花卉，多数在潮湿环境中能发生不定气生根，成活并不难。将切下的枝条每3～4片叶，用利刀切成段，除去基部1～2个叶为插穗，单芽扦插时仅1叶1芽。容器可选用冲洗洁净的软塑钵花盆或苗浅，基质选用经充分晾晒或高温灭虫灭菌的建筑沙或细沙壤土。操作时先将容器底孔用塑料或金属纱网或碎瓷片等垫好。填装扦插基质，留水口1～2.5厘米浇透水，待水渗透后，用大于插穗直径的木棍、竹扦等扎孔，深度为接穗长的1/3～1/2，将插穗置入孔中，四周压实，株行距以互不遮光为度，置沙盘或接水盘上，保持沙盘上的建筑沙含水量呈饱和状态或接水盘中有水，每日喷水或喷雾2～3次，如有条件罩塑料薄膜箱或罩则更好。自然气温不低于22℃，30天左右即可生出新根。待叶片恢复生长后即可分栽。单芽扦插也可将茎横置，不影响发芽，但比常规插穗发芽晚。如选用中部无叶插穗，切取插穗时应有3～4个叶痕，并有完整的潜伏芽，这种插穗在阳台环境中需75～120天才能生出新根，发生新芽，多用于插穗不足条件。

44. 花盆栽培的花叶芋已经3年多了，从未见开花，也未见盆内出小苗，应怎样繁育小苗？

答：花盆栽培花叶芋，在栽培养护适当的情况下应该能发生分生子球。分生芽形成的子球贴近主球茎。在北方开花并不多见。其繁殖可选用下列方法：

(1) 分株方法：即分球根，于秋季脱叶后或春季栽植前，将主茎上发生的分生块茎用利刀切下，伤口涂抹硫磺粉或新烧制的草木灰，另行栽植即可成为一个独立的植株。

(2) 切分方法：花叶芋类入秋后叶片褪色，基本无观赏价值时，应加强水肥养护，此时由于气温及短日光照影响，营养积累较多，消耗较少，促使球茎增大及腋芽发生，应为不可忽视的重要时间段。操作时可按腋芽发生位置分切，并按单芽纵向或斜向切开，即可成为一个独立植株。分切时的伤口必须涂抹硫磺粉或新烧制的草木灰粉，防止伤流及有害菌类侵染，造成腐烂等不应有的损失。

45. 南方花友寄给我一个1米多长的上树蜈蚣枝条，收到后枝叶完好。在有简易温室条件下，怎样扦插才能成活？

答：上树蜈蚣为裂叶崖角藤的别名，为大藤本，有的地方也称麒麟尾为上树蜈蚣或飞天蜈蚣，两者虽然不是一个属，但形态近似，繁殖方法也基本相同。

邮寄来的枝条开箱后，将捆绑物解除，平放在温室土质地面上，如有条件在土面上铺一层草席或麻袋片、无纺布等，将其放在上面则更好。向枝条、叶片喷水，使体内失去的水分通过叶片慢慢吸收。同时准备插床或扦插容器，以及扦插基质、草木灰或硫磺粉、切削工具等。待枝条上的叶片吸足水分恢复原状后，由先端向基部方向留3～4片叶处切下第一个插穗，切后伤口及时涂抹硫磺粉或新烧制的草木灰，切或剪除基部1～2片叶作插穗。切下第一个插穗后，枝条下面的插穗依据节间长短，每1～2个叶片为一段，全部切段。最后一个也就是基部的一个插穗，应检查原有切口有无变色或腐烂迹象，如伤口为干白色，且已经干燥无霉点，可不再切削直接扦插，如有黑色、橙色、绿色等霉点，则需在伤口以上3～5厘米处，将伤口有霉点的部分切除。扦插时，对天南星科插穗直径较粗、伤口较大的类型，切勿直接插入基质中，以免造成伤口或对外皮层再次损伤，可用手或工具挖穴，将插穗放入穴中，四周填基质并压实。插穗中先端第一个插穗直立埋插，下端1～2个叶片的将茎斜置或横置，使叶片直立，覆土不宜过深，埋入半个茎或茎上不超过1～1.5厘米，便于潜伏芽萌动。上树蜈蚣叶片长大易倒伏，应在扦插时立杆绑扶，置明亮半阴处，浇透水，每天浇水或喷雾2～3次，在室温24～28℃时，20～30天即可发生新根。新根发生后易伸长，故生根后应及时分栽。

46. 温室中盆栽千年健,几乎每年有花开,但从未结实。如何播种?目前盆中根系很多,横生茎外露,能否带部分根将植株切下重栽?

答：北方地区温室栽培的千年健，由于缺少昆虫授粉，加之光照、通风、空气湿度、土壤湿度的不甚谐调，很难结实。欲结实应在花期行人工辅助授粉，授粉后在室温不低于24℃、通风良好、相对空气湿度在80%以上、光照明亮、盆土偏湿环境中才能良好结实。同时每15天左右追磷钾肥1次，待花序总柄变黄时采收，采收后去杂，用清水洗净种子，稍干后即播，通常第二年春季出苗。小苗长势慢，故发生1~2片叶即行分栽。成形植株可扦插繁殖，带部分根将下部切除，应在结合换土时进行，养护适当能株形整齐地成活。下部的横生短茎，带根、带节切成多段栽植，能在叶节处发生新芽，但要求光照较好，不能直晒。

47. 金钱树的繁殖方法有几种? 怎样实施?

答：金钱树常规繁殖方法有播种、扦插、分株、切球根等4种方法。

（1）播种：在常规养护中，由于缺乏适当昆虫传粉，常出现花后不能结果，如欲结实，需适时行人工辅助授粉，授粉后需保持通风良好，并有足够的空气湿度且盆土不过湿，并提前追施磷、钾肥。果实成熟后除去外皮及果肉，应用清水洗净，稍阴干后即播。播种容器可选用花盆、苗浅或小营养钵。种子数量不多时选用点播，较多时选用撒播，覆土0.5~1厘米或不覆土，覆盖玻璃保湿，浸水或喷雾保湿，在室温24~30℃环境中，30~40天出苗，出苗不整齐，迟出苗可达75天以上。播种土选用细沙土、蛭石，或细沙土、腐殖土各50%。小苗出土后留床养护，待羽状叶生出后脱盆分栽。

（2）分株：分株时间最好在休眠将要结束时或长势较慢时期。脱盆除去宿土，将球茎及丛芽或丛株外露，在较易切离且带叶、带根的位置用利刀切离，用硫磺粉或新烧制的草木灰或木炭粉涂抹伤口，并将羽状复叶适当短截，置半阴处的花架上，待伤口稍干且没有伤流外溢时，用无肥腐叶土或细沙土、腐殖土各50%，或人工配制的素栽培土栽植。栽植容器可依据实际情况选用，12×12～15×15（厘米）软塑钵或14～16厘米口径深筒花盆。栽植后置温室半阴场地，半日或1日后浇水，并向叶片喷水，浇1次透水后，每日向叶片喷水，盆土不过干不再浇水。新的羽状叶成叶后，每15～20天追稀薄肥水1次，应用无机肥时浓度应不大于0.5%～1%，当羽状叶2～3片时，于生长缓慢期带土球脱钵，或盆栽组合栽植。

（3）切球：切球繁殖实际上也应属分株范畴，即于休眠或生长缓慢期，将羽状复叶留2～4片小叶剪除，然后脱盆除去宿土，将球根竖向用利刀切成数块。每块最少带1枚短截的总叶柄及芽点，或无总叶柄而有芽点，或只有叶痕而带一侧外表皮的块，伤口涂抹硫磺粉或新烧制的草木灰粉，防止伤流及有害菌类危害，置通风良好干燥处，待伤口干燥无伤流渗出后，用经充分晾晒或灭虫、灭菌的细沙土、蛭石或细沙土、腐殖土各50%拌匀。栽植覆土1.5～2厘米，置温室半阴场地，1～2日后浇1次透水，并向叶片及场地喷水，增加空气湿度。其它养护同分株繁殖。带总柄及小叶片，如养护不当，有可能干枯，应剪除。球根仍会发生不定根，而继续长出新叶。

（4）扦插：依据数量的多少，扦插容器可选用苗床、小营养钵、花盆、苗盘等容器。扦插基质可选用经充分晾晒或高温灭虫、灭菌的细沙土、蛭石或细沙土、腐殖土各50%，拌均匀后装入扦插容器，其中应用蛭石时，应先喷水翻拌，使其吸收足够水分后再装入容器，并随装随压实，浸水或喷水湿透。剪取健壮无病虫害的羽状复叶作插穗，插穗分为3种情况：即切取小叶带叶柄扦插；切取总柄带小叶扦插；总柄（叶轴）不带叶而有小叶叶痕扦插等。小叶带小叶柄插穗切取时，用利刀由总柄一侧将小叶带部分短柄切即为插穗，这种插穗组织面积小，体内贮存养分少，光合面积也小，所含水分也少，扦插后需保持较高空气湿度，成活后短时间内形成球根相对也小，并需较长时间留床，为其不足，但繁殖数量相对较多。切取总柄带2～4片小叶，虽然浪费材料，但营养组织相对较大，体内含水分、养分较多，光合面积大，成活快，球根形成快，留床时间短。切取总柄不带叶插穗因体积小，体内含养分也少，光合面积更小，但因本身为成熟组织，所以生根快，形成球根也快，但新的不定芽也需球根形成后才能发生。扦插时先用相应直径的竹扦、木棍等在插床土上扎孔，再将插穗放入孔中，四周压实，再次浇水或喷水或喷雾，置温室半阴场地，保持盆土湿润及空气湿度，但土壤不能长时间过湿，过湿会引起插穗腐烂而导致扦插失败。在室温24~30℃，每天喷水1~2次，通常10~20天基部可形成小球根，此时应减少喷水量，并加强通风，20~90天后即可分栽。分栽后由于幼嫩的根毛受损，很有可能暂时停止生长，甚至总柄或叶片黄枯，但小球根仍有生命力，此时应保持栽培土微潮，增加空气湿度，新的不定芽会由球先端再次发生。新叶发生后转入常养护。

四、栽 培 篇

1.自产自销小园艺场，为降低成本能否自制腐叶土？

答：自制腐叶土应在秋季，根据所在地植物材料，选取一些落叶乔木或花灌木草质的落叶，及栽培植物修剪下来的枯枝叶片等，选择背风向阳的场地，根据年需要量，选用沙土或当地园土围土埝，土埝高20～30厘米，垫一层10～15厘米厚细沙土，再放一层落叶高约20～30厘米，压实后加入一层稀释的人粪尿，或饼肥、或鸡粪、或厩肥等，高10厘米左右，上面再铺一层园土或炉灰，高8～10厘米，再铺一层落叶……如此反复堆积高至120～150厘米，如有条件加0.5%～1%过磷酸钙则更好，随堆高随加高土埝，最后用园土封严，上面留若干个通气孔，每20天左右灌水1次，上冻后停止灌水。第二年开春化冻后翻拌，15～20天左右再翻拌，经过3～5次的翻拌，颜色呈黑褐色时摊开暴晒，经过筛后即成为腐叶土。堆放时应呈整齐的长方形、方形或圆形，切勿乱堆，给人一种不规整的感觉。

2. 小镇远离大城市,种植大田作物的土壤为高密度黄土。能否用杂草、禾秆等自制人工栽培土加本地黄土栽培绿萝、喜林芋等花卉?

答:应用杂草或禾秆堆制人工腐殖土,杂草最好在秋季开花后、种子未成熟前,或种子落地后刈取,既保证纤维质的存在,又能减少杂草种子含量。杂草种子抗性很强,古人就有"野火烧不尽,春风吹又生"的描述,腐熟过程中有大量种子仍有活力,翌春仍能发芽出苗,增加除草工作量。禾秆需粉碎后沤制,易吸收水分及热量,易腐熟,其堆制方法参照自制腐叶土。过筛后应用前将其摊开暴晒,杀死隐藏在土壤中的害虫,特别是金龟子幼虫、金针虫等。应用配比为:粉碎的高密度土40%～50%,杂草禾秆腐殖土50%～60%,拌匀后作栽培土,有条件加些腐熟锯末、棉籽皮则更好。

3. 前几年出外打工,学习了一些花卉栽培技术。目前家乡富裕起来了,也在明窗净室中摆一些花卉,因此想自办小园艺场满足小城需求。要运园土需几百里以外,能否用当地沙壤土栽培'斑马'万年青、'银皇后'、'绿帝王'等观叶花卉?何处引种较为纯正?

答:'斑马'万年青、'银皇后'、'绿帝王'等观叶花卉,喜土壤疏松肥沃、透气性和排水良好。虽然沙壤土透气性、排水性良好,但易漏肥,应适当掺入一些腐叶土或腐殖土,配比为沙壤土60%,腐叶土或腐殖土40%。这些观叶花卉大多数原产热带地区,喜温暖、湿润、半阴的环境,温度保持在15～30℃之间,冬季最低不能低于12℃,因此需建温室和加温设施。水的酸碱度保持中性至微酸,pH值5.5～7,如无处理设备,可在浇肥或浇水时适当加稀释500倍的硫酸亚铁水溶液,改善土壤pH值。应用深井水或泉水时,应设晒水池,水温与自然气温相接近时浇灌。

引种就近于大型花卉市场或园艺场,他们的信誉基本有保证。

4. 落叶松林下有1米多厚的松叶土,能否用作盆栽观叶花卉?应用这种土壤对广东万年青生长有无影响?

答:松针土为良好的腐叶土,含营养成分较高,通透性能好,栽培广东万年青类，其配比应为园土40%，细沙土30%，松针土30%，另加腐熟厩肥8%～10%，拌匀后上盆。这种土壤由于疏松肥沃、排水、保水良好，栽培的植株叶色深绿，斑纹清楚，长势健壮。

5. 杂木林下的腐叶土能否栽培合果芋？

答：杂木林下的腐叶土含腐殖质较高，通透性较好，也比较疏松。直接栽培小苗时，由于土壤疏松，排水、保水良好，有缓苗快、成活率高等优点。腐叶土中含肥料有限，小苗成活后需及时追肥。为使土壤营养均衡，通常应用配比为园土40%、细沙壤土30%、杂木林下腐叶土30%，另加腐熟农家肥（腐熟厩肥）6%～8%拌均匀后应用。合果芋适应性强，除在土壤中吸收营养外，在潮湿环境中，气生不定根也能由空气中速取需要的元素，土壤基肥量没必要过多。杂木林下的腐叶土、松针土能适合多数天南星科观叶花卉栽培应用。

6. 东北黑壤土栽培合果芋是否需要加入其它基质？

答：东北黑壤土含有一定的腐殖质，呈黑色，具有较高的肥力，呈微酸性或中性反应，土质略黏，通气性较差，排水也较差，最好不直接栽培合果芋，如果有条件将其配比成黑壤土50%，腐叶土或腐殖土40%，另加农家肥10%～15%，不但可栽培合果芋，并可用于天南星科大多数观叶种类栽培，特别对藤蔓类更为合适。

7. 工作在南海小岛，工作生活单调，岛上以石为主，生有灌木林，很少有乔木，浪潮冲击较少的地方有白沙，石隙间有山泥。想栽培一些亮丝草类盆花，增加乐趣，用哪种土壤较好？

答：使用石隙间的山泥较好一些。山泥是岩石经过长期风吹、日晒、雨淋形成的一种土质，颗粒结构较小，但有机质含量较少，肥力不足，有条件可收集一些灌木的枯枝或枯叶堆沤腐叶土，按各50%配比拌匀栽植。另外可取白沙，用试纸测试其pH值，如在7.5以下也可应用，其配比为山泥60%，白沙40%；或山泥40%，白沙30%，腐叶土30%，另加农家肥5%～8%，拌均匀后栽植。

8. 大型木材加工厂堆放的锯末、木屑运走后，最底层黑色的腐朽物质疏松通透，能否代替腐殖土栽培棕柱喜林芋？

答：能代替腐殖土栽培喜林芋。底层的锯末、木屑，经过发酵腐熟后呈黑色，质地较疏松，通透性好，里面含有植物所需的微量元素和大量的营养元素。因木材种类较多，锯末的酸碱度也就不一样，一般杂木的锯末呈中性，松柏类的锯末呈微酸性，适合栽培喜林芋等。如是杂木锯末，在喜酸植物生长期可适当浇些矾肥水，以利植物的良好生长。黑色腐朽物质实际上就是腐殖土，含有大量的纤维及木质素等，并含有多种营养元素，是良好的腐殖土。这些物质虽然是木质残物，但是堆积时间已久，不一定是微酸性，多数为中性或微碱性。由于大量纤维存在，所以疏松通透，但木质纤维热传导性差，升温慢，养分释放慢，这种土应属寒性土，独立应用根系发生也慢，故应与沙壤土、园土及农家肥混合应用，按常规配比应为园土30%，细沙壤土30%，腐朽锯末40%，另加农家肥10%～15%，搅拌均匀后应用。这类土壤易藏害虫，特别是金龟子幼虫，应用前应先灭虫而后应用。

9. 栽培蘑菇用的废菌棒能否用来栽培红叶合果芋、小龟背等观叶花卉？是否需要加入其它基质？

答：废菌棒为已经发酵腐熟的棉籽皮或玉米棒等腐殖质材料，应用前将包裹的塑料薄膜去除，并集中在一起处理，以免造成白色环境污染。废菌棒经发酵腐熟是具有疏松通透、排水良好又能保墒，并含有多种营养元素的腐殖材料，应用时将其粉碎并充分晾晒。常用配比为园土30%，细沙壤土30%，废菌棒腐殖物40%，另加农家肥8%～10%，翻拌均匀后即可应用。这种配比不但可以栽培红叶合果芋、小龟背，还可应用于大多数天南星科观叶花卉。

10. 到南方旅游，见合果芋攀缘于墙壁及树干上。在北方自建小温室中，能否也攀缘于墙壁上，怎样栽培养护才能良好生长？

答：合果芋类喜高温高湿，在高温高湿环境中易产生气生不定根，不定根依附在墙上使枝条攀缘生长。温室的墙面必需光照明亮，通风基本良好。如欲孤植时，在墙边挖掘栽植穴的直径不小于30～40厘米，深约30厘米，穴底铺一层约5厘米厚有机肥料，上铺一层5厘米栽培土，将合果芋苗栽植于穴内，填栽培土四周压实，距植株中心约20～30厘米，围土埂浇透水，并向叶片及墙面喷水保持墙面潮湿。如果阳光能直射到北墙，可用较高的植物遮挡，或温室上搭遮荫网。也可在北墙上距地面20厘米左右钉钉子，用细铁丝搭成网状，再将合果芋枝条绑在铁丝上，使其顺势往上攀缘。室温保持15～25℃之间，越冬最低温不要低于10℃。冬季可适当见光。如欲列植，可于墙边开沟作畦，畦宽30～40厘米，长度按需要而定，靠墙土埂应在墙基础以外，翻耕深度不小于30厘米，土质密度大或杂土较多时应换栽培土，施足基肥，按35～40厘米株距栽植。小苗上墙前作一次摘心，促其分枝，分枝30～40厘米时领蔓上墙。其它与孤植相同。

11. 因工作需要，由大城市到山区，平时我就喜欢栽培花卉，但这里没有。由家乡寄来丛叶喜林芋、羽叶蔓绿绒、龟背竹等小苗，没有人工配制的土壤，用山上的硬土加羊粪栽培是否可行？

答：羊粪肥力比较柔和，但肥中所含的有效成分较少，以氮肥为主，也含有少量的磷、钾肥。可直接施入地里，作基肥用。使用容器栽培时，羊粪必须充分发酵腐熟后才能应用，因为羊粪在发酵时会产生大量有害气体，会灼伤植株根系，影响植株根系正常吸收功能。

沤制人工土时，可用山上杂草、灌木丛下的落叶或乔木落叶，根据用土量的大小，选择较空旷的场地，用山上的硬土壤围一圈土埂，高约20～30厘米，土埂内最底一层铺厚约20～30厘米的落叶，上层再铺一层羊粪或人粪尿，厚约5～10厘米，再铺一层落叶，厚度10～20厘米……如此反复堆积到高1～1.3米，最后用山上的硬土封严，上面留若干个通气孔，孔间距离40～50厘米，每20天左右向通气孔内灌水1次，上冻后停止灌水。第二年开春化冻后由一侧掘开翻拌，以后每隔15～20天左右翻拌1次，翻拌后仍堆好。经过3～5次的翻拌，颜色呈黑褐色，羊粪分解成粉末状，树叶全部腐熟时摊开暴晒，半干后过筛，即为人工配置的栽培土。应用时仍需加入当地土壤30%～40%，再次翻拌均匀后作为栽培土。羊粪属冷性肥，肥力猛，但不持久，作为栽培土应适时追肥。

12. 用竹林下红色或淡黄褐色黏土栽培丛叶喜林芋是否可行？

答：竹林下红色或淡黄褐色黏土，颗粒较小，密度高，呈微酸反应，不利排水和透气，含有机质也少，缺少肥力，直接栽植不利于丛叶喜林芋生长发育，最好还是应用园土40%、细沙土20%，腐叶土或腐殖土40%，另加腐熟农家肥5%～8%拌匀后上盆栽植。也可按产品说明，加入复合无机肥或缓效肥。如果确实无人工合成土条件时，可寻找一些通透排水较好的林地腐殖土、建筑保温用的蛭石等参加土壤改良。小苗成活后，选用追肥方法保证土壤有足够的肥力。

13. 用山沟的大粒沙能否栽培春羽？怎样栽培养护才能良好生长？

答：山区大粒沙即风化岩沙，颗粒大而坚硬，所含矿物质及营养元素释放慢。由于颗粒间隙大，所含空气量也多，通透性强，保墒差，升温快，降温也快，漏肥漏水，不能直接用作栽培土壤，但能作为无土栽培基质。应用这类土壤应：园土40%，风化岩沙20%，腐叶土或腐殖土40%，另加腐熟厩肥10%～15%或腐熟饼肥或膨化粪肥4%～6%，搅拌均匀后栽植。栽植后置较明亮场地，浇透水后喷水洗叶，并保持盆土湿润。待恢复生长后减少浇水及喷水量。生长期间每20～25天追叶肥1次，肥后中耕松土。荫棚下、花架下、树荫下栽培苗，当自然气温夜间低于8℃时，移至室内光照充足场地，控制浇水量，土表不干不浇，停止追肥。春季自然气温稳定于10℃以上时，移至室外半阴场地。每2～3年脱盆换土1次。

*14.*牛马粪是厩肥中的一部分吗？单用牛马粪作腐殖栽培土栽培蔓绿绒类观叶花卉可以吗？

答：牛马粪属厩肥中的一部分，牛马粪作腐殖土不能直接应用，须经充分腐熟后才能应用。这种厩肥含营养元素有效成分相对较少，以氮为主，含少量磷、钾肥，肥力较柔和，但含有机纤维素高，为一种牛马粪尿、饲料残渣、垫圈树叶、杂草及土壤的混合物质。腐熟时可选集中堆制，堆放的形状可以是圆形、长方形等，因地制宜，但应整齐，应保持湿润，有条件可以覆盖塑料薄膜，增温保湿，加速腐熟。无冻土季节，堆置月余后翻拌（俗称倒粪），翻拌后仍然堆好，15～20天翻拌1次，直至团粒散开，颜色变为黑褐色时，过筛即为堆肥。堆肥作为盆栽用土，应按园土40%，细沙土40%，堆肥20%拌匀后应用。

*15.*什么叫根外追肥？天南星科观叶花卉怎样应用？

答：在植物生长发育过程中，根据植株生长势需要，以液态的速效无机肥料喷在植株的叶片上的追肥方式叫根外追肥。天南星科观叶花卉行根外追肥时，多用尿素、磷酸二铵、磷酸二氢钾等无机肥，常用量为浓度0.2%～0.3%，每10～15天喷洒1次。通常氮肥类3～5天见肥效，10天左右肥效基本消失。喷洒宜由下而上均匀喷洒，喷洒后2～3天勿再喷水，空气湿度不足时，只能向场地及四周地面喷水。肥量的吸收与光照、室温等有直接联系，光照好、温度高、湿度大，吸水快，见效快；反之则见效慢。根外追肥宁稀、勿浓、勤喷，切勿盲目加量，以免发生肥害。

*16.*什么叫有机肥？什么叫无机肥？两者有什么优缺点？

答：有机肥指含有大量有机物质的肥料，即动、植物的残体、排泄物经过腐熟发酵，通常称为农家肥，为古老的传统肥料。无机肥是用化学方法人工制造或者开采矿石经过加工制成的肥料。有机肥的养分全面，含有植物所需的大量元素、微量元素，还含有丰富的有机质。肥效较慢，但肥效时间长，有改良土壤团粒结构的作用，并含有大量的微生物，可增加土壤的肥力，促进土壤中营养元素分解，利于植物吸收利用。但养分含量相对较少，施用量大，运输、施用较费工。无机肥养分含量高，养分单纯，肥效快，但肥性暴，挥发快，不持久，呈酸碱反应，长期使用无机肥，容易使土壤板结，破坏土壤结构，使良田变为贫瘠，不利于植物根系生长发育。

17. 棕柱攀缘的天南星科观赏花卉用哪种肥最好？

答：棕柱攀缘的天南星科观赏花卉，在生长发育过程中，同其它花卉一样需要全元素肥料才能有良好的长势，但需要氮肥、钾肥较多，施基肥时通常将饼肥、动物肥、人粪尿等或其它农家肥充分发酵腐熟后掺入栽培土中。因饼肥、动物肥或其它农家肥中所含氮肥较多，常用量为土壤容重的5%～15%。因棕柱攀缘种或品种不同，生长期不同，所需要的肥料量区别很大。叶片光合总面积小，需要或消耗营养元素少，而光合总面积大时，需要或消耗营养元素则大。原有土壤中含肥量多则少加，含肥量少则多加。所以生长发育期间除原施入基肥外，还需不断地追肥，应用无机肥基肥，常用三要素复合肥，追肥常用单纯或复合肥，因其含量不同，施用时期不同，使用量也不同，习惯上基肥为土壤容重的0.5%左右，追肥浇施为浓度2%～3%，喷施浓度0.2%～0.3%，每10～15天1次或依据长势而增减。应用哪种肥料对容器栽培花卉无足轻重，应用哪种方便即选用哪种。

18. 什么叫基肥？什么叫追肥？两者的作用是否相同？

答：将肥料直接施入盆底或与栽培土混合后应用的肥料叫基肥。在基肥不足或土壤养分消耗完时施用的肥料叫追肥。基肥充足时，完全可以满足植株的需要，可以不用施追肥。追肥是在植株缺少某种元素时追施肥料的一种方法。

19. 追肥时应注意哪些事项？我栽培的黄金葛由于温室面积较小，施用有机肥后，下边有的叶片呈穿孔形腐烂，是否与追肥有关？

答：追肥时应在植株生长旺期多施，开春后施，秋分后不施。晴天施，雨后不施。薄肥勤施，浓肥不施。晴天早晚施，中午不施。由于温室面积较小，施肥水时肥水多溅在叶片上，导致肥害，造成叶片呈穿孔形腐烂。应在追肥水时，浇壶嘴接近盆口直接浇在花盆内。追肥后用清水喷洗叶片，将溅在叶片上的肥水冲洗干净就不会产生这种损伤了。

20. 什么叫饼肥？做基肥或追肥如何应用？

答：饼肥为某些油料植物的种子压榨出油料后的残渣，经再次加压呈饼状或摊晒成块的颗粒状或粉状小包装统称为饼肥。饼肥种类很多，其氮、磷、钾三要素含量也各有不同，下面将常见种类列表介绍：

饼肥名称	氮（%）	磷（%）	钾（%）	备　注
大豆饼	7.00	1.32	2.13	
芝麻饼	5.80	3.00	1.30	又称芝麻酱渣，简称麻酱渣
花生饼	6.32	1.17	1.34	
棉籽饼	3.14	1.63	0.97	含有棉酚，对牲畜、鱼类有毒，不影响植物生长发育
菜籽饼	4.50	2.48	1.40	含有色素
蓖麻籽饼	5.00	2.00	1.90	含有蓖麻素
茶籽饼	1.11	0.37	1.23	含有色素
杏仁饼	4.56	1.35	1.85	

*选自农业出版社，河北昌黎农业学校主编全国中等农业学校试用教材《土壤肥料学》下册。

市场供应的饼肥，绝大多数为未经发酵的原材料，选购回来后粉碎发酵腐熟。用作基肥的腐熟方法为选择光照直晒、通风良好场地，平整好场地，垫一层细沙土后，将粉碎的饼肥堆积在一起喷透水，用塑料薄膜覆盖，28天左右掀开，喷适量EM菌液以防异味传播，也可在堆置前加入，翻拌均匀后仍堆好，直至异味基本消除，黏结的块状变得松散，颜色变为褐色、黄褐色，甚至呈褐色时，翻拌至无热量外溢时，即已充分腐熟。混入栽培土壤应为容重的3%～8%。人工配置的土壤含肥量多时少加入，含肥量少时多加入，也可沿盆壁或盆土底层平施。平施厚度最好不大于1厘米。

用于追肥有两种比较合理的方法：即浇施与埋施。浇施即将饼肥浸泡于水容器中，如缸、盆、桶、广口罐等，通常为100千克水加10～15千克干饼肥，加1千克EM菌，加入后封严，置直晒或气温较高场地，经20～30天后掀开覆盖物，用铁锹、木棍等搅拌，再次封沤10天左右，其液体部分即为原液。应用时再适量加入水即为液肥，用于天南星科花卉，习惯上对水10～15倍。随应用随向容器中对水，随原液的释稀，对水量应随之减少，用后及时封盖，防止蝇类及其它害虫嗜食或产卵，如已经发现有虫卵时，应喷洒90%敌敌畏乳油1000～1200倍液，或50%辛硫磷乳油1000～1200倍液，或30%杀灭菊酯乳油2000～3000倍液，连同成虫杀死。待原液无色无味时，应添加饼肥或更新后应用。

用于埋施时，可将盆土沿盆壁四周掘开，深度4～6厘米，将已经腐熟过的肥末撒入穴中，而后原土回填压实，随之浇透水。不论浇施与埋施，追肥后应喷水洗叶，防止肥料溅落或散落在叶片上，造成叶片损伤，喷水时最好连同叶背同时喷洒清洗。目前有些爱好者选用先将肥料撒入盆土表，然后松土埋施。此法虽然有施入均匀的优点，但是有部分肥料外露在土表，浇水或喷水时易溅于叶片，造成叶片污染后损伤，且常有异味招引蝇类嗜食产卵，有碍卫生，这种方法最好弃之不用。

21. 见花友将干麻酱渣粉直接埋于斑叶龟背竹盆内壁一圈，我效仿他的方法，回家也施于盆内壁四周，不久叶片上的白色斑块出现褐斑，随之腐烂。脱盆查看根系大部分腐烂，而花友栽培的仍良好生长，为什么我栽培的植株产生腐烂呢？

答：干麻酱渣为未经发酵腐熟的生肥，在发酵腐熟过程中会产生大量有害气体，其主要成分为乙烷，施入土壤后遇水随即挥发，开始时只在土表以上，以后随水分及空气下渗，造成根系损伤，根冠首先受损，而后向上全部损伤，严重时全株死亡。花友很可能施肥时量小，且未接触根系，只是停止生长。您在施入时，量大于花友的施入量，施入时又接触根系所造成。另外白斑部位本来属病理遗传，不能通过光合作用制造或吸收养分，它的养分全部由绿色部位供应，故白斑部位先受损伤，而后绿色部位萎蔫枯死。发现肥害后及时换土，并将上部枝条切下扦插，有望不失苗种。此种追肥方法前面介绍过，如果未经充分腐熟最好不用。

22.黄金葛扦插苗先端、中段、中下段扦插成活后同样栽培，为什么先端新生叶仍为大叶，中段、中下段叶子变小，怎样才能变大？

答：在自然环境中，黄金葛在苗期叶片小，3～4片叶后逐步开始宽大，株高1.5～2米时达到标准叶，而后不再增大。苗期根系少，光合总面积小（叶片的总和面积），随根系增多，叶面增多，吸收养分增多，光合作用加大，加之先端优势，上部叶片增大到正常形态。应用先端成形叶片部分扦插，组织幼嫩，成活后很快产生大量新根，虽然也有不很明显的1～3片稍小的叶，但很快长成成形叶。中部或基部扦插苗，成活后潜伏芽萌动，潜伏芽带有原始基因物质，加上基部老化，势必造成叶片变小，这种小叶如果直立生长达到一定高度，气生根不断增多，光合总面积达到一定程度，叶片才能逐步增宽、增长，达到成形叶标准。此时应用先端大叶部分再次扦插，即能获得标准小苗。如果作悬垂栽培，由于维管束变形，很难获得成形叶插穗。无论大叶小叶，植株上盆后均需光照良好，肥分充足，空气潮湿才能正常生长。

作为攀缘棕柱栽培，最好选用先端嫩枝作插穗，插穗切取后的母本继续良好栽培，待先端发生侧枝并叶片成形后，仍切取作插穗，这种方法可源源不断地获得大叶插穗。由于母本根系及光合总面积仍然未变，中部以上所发生的侧枝上的叶片仍不会产生大的变化，仍为大的成形叶，但中部以下，由于母本的不断老化，下部叶片脱落，光合总面积减少，所发生的侧枝上的叶片也随之变小，只能作悬垂用插穗，或选用母本更新。

23.怎样栽培麒麟尾？温室环境及阳台环境相同吗？

答：麒麟尾在南方暖地疏林下可攀缘于树干上。北方则需温室栽培或有加温设施、光照良好的封闭天井及四季厅栽培。栽培方法有地栽及容器栽培2种：

（1）地栽：又称为畦栽或池栽。栽植前先将栽植用地整理翻耕，翻耕深度不小于30厘米，并将地下杂物清除，杂物或杂土过多时应更换栽培土，然后叠埂或筑池，畦或池宽不小于60厘米，长度以栽植株数而定。每平方米施入腐熟有机肥2.5～3千克，如选用人工配制的栽培土不必再加肥。翻耕后压实、耙平、灌透水，待水全部渗下后再作一次找平，土表干燥后按80～120厘米株距栽植，浇透水后保持土壤不过干。小苗伸蔓后引蔓上墙或其它供攀缘体。勤向墙面或攀缘体喷水，使气生根发生后顺利攀缘。在气温18～24℃，空气相对湿度75%～85%，光照充分明亮，通风良好环境中，长势良好。越冬温度最好不低于12℃，能忍受短时6℃低温，6℃以下有可能产生寒害。地栽多用于布置展览温室、四季厅及天井等处。

(2) 容器栽培：麒麟尾原为亚灌木状大藤本，藤长可达6米以上。容器栽培时容器不宜过小，通常选用直径30～40厘米花盆，家庭环境也不能小于20厘米，且应选用深筒花盆，苗期可稍小一些。栽培土壤通常为园土40%，细沙土20%～30%，腐叶土30%～40%，另加腐熟农家肥8%～10%。攀缘棕柱栽培3～4株，也可单株栽培。上盆时先将棕柱立好，将苗围柱均匀分布栽入盆土中，填土至留2～2.5厘米水口，四周压实后还需蹾实，浇透水后置温室半阴场地，喷水加湿。苗高20～30厘米时，引苗上柱，在气生根未扎入棕柱前应先用绳索捆绑，只要保持棕柱潮湿，气生根发生后自会向上攀缘，如发现有向外弯曲或向下垂时，应及时扶正。室温高于25℃开窗放风。冬季越冬室温应保持在12℃以上，如欲冬季继续生长，室温不应低于16℃。夏季生长期间充分浇水，冬季则保持不干不浇。上盆50天后开始追液肥，每20天左右1次。当株高长至棕柱高的2/3～3/4时，即可供应市场或进行陈设。

阳台环境，建筑体夏季白天吸收大量辐射热，夜间降温后又释放出来，造成小环境空气干燥，栽培养护应该更精心更细致。家庭庭院或阳台栽培，最好选用通透性能较好的高筒瓦盆。栽培土为园土30%，细沙土30%，腐叶土或腐殖土40%，另加腐熟有机肥8%～10%，栽植后置光照不直晒处，浇透水后保持盆土不过干。并每日早晨或傍晚补充浇水及喷水。3～5天转盆1次，20～25天追肥1次，应用无机肥时对水成浓度3%～4%，使用市场供应的小包装促叶肥或营养液，应按说明施用。冬季送暖前、春季停止供暖后两段低温时期，尽可能少浇水或不浇水，保持盆土偏干，可免受或少受寒害。冬季阳台与住室温度相差不多，但光照好，最好还是放在封闭阳台处，如果放置在室内，应远离供暖的暖气片，或空调直吹处，并应减少浇水量，停止追肥，通常会良好生长。需要浇水或喷水时，应将自来水或井水放在容器中，等水温与气温接近时浇灌或喷洒。

24. 扦插成活后栽培的龟背竹，现已经3片叶，无裂也无孔，是产生变异了吗？

答：这种现象不是变异，而是自身形态的自然生理现象。取自母本先端的插穗，新叶发生后即能有裂也有孔，叶片大小的变化也不明显，这是因为先端组织鲜嫩，自身内营养充足，易生根的结果。由第二枝至基部的插穗扦插生根后，需待潜伏芽转换成萌动芽，需要的时间要比先端枝长得多，且潜伏芽含有幼叶素，加之光合总面积小，根系少，故新生叶呈圆心形，无孔无裂。在栽培适当、环境良好的条件下，生长至4～5片叶后，即可出现有孔叶，随之长出有孔有裂的叶片。

25. 家住15层楼，播种的龟背竹出苗率很低，目前十几粒种子只出苗2株，叶片无孔。是种子不佳，品种有误？还是栽培方法不好？

答：龟背竹的叶片本身即为两型，幼叶无孔无裂，成型叶有孔有裂，这与种子好坏、栽培方法无关，种子也没有错。种子中含有幼叶基质，出苗后无孔叶为这种基质的表现，生长一段时间，随着幼叶物质的减少，成叶物质的大量增加，成型叶即表现有孔有裂。播种苗需生长到5～6片叶后，才会生出有孔有裂的叶片。

26. 怎样小批量栽培龟背竹及'斑叶'龟背竹？

答：龟背竹为大型半木质化藤本观叶花卉，藤、叶、根比较粗大。苗期为充分发挥其生长发育能力，选择容器时稍大一些，通常选用既经济又适用的14～16厘米×14～16厘米营养钵（软塑钵）栽植，并选用人工配制的栽培土。栽培时为排水通透、顺畅，可不垫底孔或垫纱网。将苗放置在盆中心位置后，用一手持苗，另一只手铲填土，随填土随压实，直至留1厘米左右水口，再次蹾实，置遮荫50%～60%的温室潮湿而通风良好场地或荫棚下，浇透水并喷水洗叶，同时将场地四周喷湿。摆放时宜成行成排，并留一定宽度的栽培养护通道，以便于护理。生长期间室温高于25℃时开窗通风。在单面光照的温室中栽培的植株，需要单面观赏的可不转盆，需多面观赏的，10～15天转盆1次，以免因追光叶片面向一侧。上盆75天后，依据长势开始追肥，每10～15天左右1次，并将农家肥与无机肥错开浇施，最好浇施1次农家肥后，浇2～3次无机肥。无机肥浇施对水量应在浓度3%～4%，不宜过浓，以免产生肥害。每天喷水1次，盆土不过干只喷水不浇水。浇水、追肥应依据苗的长势，壮苗多浇，弱苗少浇。节间过长时，应控水、控湿，并加以通风，使其均匀一致。并随时将倒伏苗扶正。叶片相搭接后，拉开株行距，使其光照通风各不影响。对过弱或过壮的苗，应另选场地单独栽培。冬季室温最好不低于12℃，10℃以下停止生长，但能耐短时5℃低温，5℃以下有可能产生寒害，特别在盆土过湿、空气湿度过大环境中受害尤为严重。当有孔有裂的叶片3～5片后，依据市场需要脱钵换盆，在养护至新根发生后，即可供应市场或用于陈设。

'斑叶'龟背竹：栽培养护比龟背竹对环境要求要严一些。夏季要求遮光60%～80%，相对空气湿度不低于75%。在温室栽培，每天上午或下午喷水或喷雾1次，但盆土不宜过湿，且通风良好。相对空气湿度过干，白色部位萎蔫，过湿会产生腐烂。追肥以氮肥为主。冬季室温最好不低于15℃，使植株处于生长状态，一旦停止生长或进入休眠状态，白斑部分也会变为褐色后枯干。'斑叶'龟背竹叶片美丽，通常3～5片叶有孔有裂时，即脱钵换盆供应市场。目前市场供应量不多，应该是很有前景的品种之一。

27. 扦插成活的'红宝石'、'绿宝石'喜林芋怎样栽植？

答：用于攀缘棕柱的'红宝石'及'绿宝石'喜林芋又称墨西哥喜林芋。应选用外表美观洁净、端庄稳重的高筒花盆，装填栽培土至盆高的1/4～1/3处，蹾实后将棕柱置于中心位置，四周仍用栽培土稳固，也可将棕柱立于盆底填土固定。然后依据棕柱直径的大小，四周栽植已经扦插成活、高矮、长势基本一致的小苗3～5株，株间距离要求基本一致，并用易分解的线绳固定，再次向上填土留2～3厘米水口，并随添土随压实，最后再一次踏实，置温室内遮荫60%～80%场地。场地应平整无坑洼，无积水，排水良好，并南低北高整齐摆放，浇透水，并向叶片喷水。新叶发生后月余开始追肥，追肥不宜过浓，以后每10～15天1次，应用无机肥浓度最好保持在3%～4%，不要急于求成。室温高于25℃开窗通风。发现徒长叶节变长时，除加强通风外，应控制浇水量。2～3个月后，应按生长速度调整位置，将生长快、株型高的调整在一起，生长缓慢苗、较弱的调整在一起。同时检查有无根系扎出盆孔外，发现后依据实际情况，脱盆放回盆内，或将其剪除。并适当加大株行距。入秋后自然气温降低，阳光投射角度也随之降低，遮荫度也应随之降至50%～60%，浇水量及浇水次数也应随之减少，但室温过高时仍应开窗通风。由于气温降低，光照减弱，生命活动随之减慢，应停止追肥，冬季最好保持室温不低于12℃，8℃停止生长，5℃以下有可能发生寒害，一旦发生寒害无法恢复原态。植株高度生长至棕柱高2/3时即可出圈供应市场。

攀缘性喜林芋类陈设时，由于环境改变较大，有可能产生暂时性停止生长，如果新环境的光照、通风、气温等适合其生长，应勤喷水洗叶，保持盆土湿润不积水，很快即恢复生长。光照过强会引起灼伤，过弱叶片变薄、茎节变长，叶色逐步变得暗淡，应及时更换新株，将其运回温室复壮，这样一株可多次应用。千万不可发现问题仍然将就摆放，导致濒临萎蔫再换，变成一次性应用。

栽培养护中还有一个大的环节，即保温设施。目前北方中小型花圃的简易温室，仍然在采光面应用蒲席或保温棉被，甚至应用较厚的草帘保温，通常在自然气温低于10℃时安装，俗称上席，春季自然气温高于15℃时撤除。下午太阳落山前放下覆盖，俗称落席，翌晨阳光充足时卷起，俗称卷席，将白天日光照进温室的温度捂盖于温室内，既利于植株生长，又能减少加温费用及时间，为在花卉栽培中不可缺少的设施之一。

28. 摆放在大堂的龟背竹如何养护？

答：龟背竹是耐阴的藤本观叶花卉，一般情况，可以较长时间在室内养护。在大堂内最好放置在光照明亮、通风良好场地，叶片出现尘埃应及时喷水洗净，或选用柔软的棉织品擦拭，保持叶面清洁整齐。室内温度较高，土表见干时浇透水，保持盆土微潮一些，不能积水，同时向叶片喷水或喷雾增加空气湿度，在室温低于18℃以下时，盆土不干不浇。

29. 圆叶蔓绿绒用于攀缘棕柱及悬吊时，栽培方法相同吗？阳台栽培与温室栽培有哪些不同？

答：圆叶蔓绿绒多用于攀缘棕柱栽培，用悬吊式栽培较少，在栽植操作、选择容器及选择插穗上有较大的区别。攀缘棕柱栽培，选用口径30～40厘米深筒花盆，选用先端大叶部分扦插成活苗，选用人工栽培土，在花盆中立好棕柱后，沿棕柱四周栽植，并随填土随压实，填至留2～3厘米水口，置半阴的温室内浇透水。生长季节盆土宜偏湿，但不积水，相对空气湿度保持在75%～80%，室温15～20℃，室温高于25℃时应及时开窗放风，降温降湿。冬季室温最好不低于10℃，8℃停止生长，低于5℃有可能产生寒害，一旦受寒害，叶片无法恢复。每15～20天追液肥1次，追施无机肥最好对水至浓度2%～4%，不宜过浓，每10天左右1次。阳台环境应用市场供应的促叶肥，按说明施用。入秋，自然气温转凉后停止追肥，减少浇水量及次数，保持盆土湿润或稍偏干。

悬垂栽培应选用专为悬垂造型制作的花卉专用容器。垂直悬吊时应带有垂吊链、垂吊绳或垂吊杆等，容器本身也应设有双层底，上层有底孔，下层无底孔，实际是个接水盘。对扦插苗选择不严，大多为母本中部或下部插穗成活后的小苗，这种小苗枝条柔软，叶片大小基本均匀，节间长短也基本一致。栽植时先将盆内装填1/4～1/3栽培土，将5～7株小苗用栽培土稳固于盆中，使其株行距基本一致，枝条向四周均匀分布，置温室半阴场地浇透水，同时喷水洗叶，待藤蔓伸展后，悬挂于温室半阴处预先备好的绳索上。由于悬吊处的温度相对比摆放在地面高，应于土表稍见干时即行喷水。圆叶蔓绿绒适应性强，耐贫瘠，除叶片逐渐减小或叶色发黄外，通常不必过多追肥，追肥过多反而会引起叶片大小不均。当茎蔓长20～30厘米时，茎叶丰满可直接养护下去，如果感觉稀疏，应由基部留3～4片叶摘心1次，切下的枝条仍可作扦插插穗。修剪后由于蒸腾面积及光合面积的减少，应适当控制浇水量，以防根系受损。在生长温度适宜环境下，很快即能使潜伏芽萌动发出新枝。为使新枝快速生长，在生出2～3片叶时，追施浓度2%～3%的无机液肥1次。生长期室温应保持15～22℃，室温过高时开窗通风，其它养护与攀缘棕柱大致相同。藤蔓长40～50厘米时即可供应市场。悬挂在墙壁或柱上的植株，栽植时即应考虑使其三面分布，靠墙或柱一面无藤蔓，养护方法、组合栽培方式与垂直悬吊相同。

阳台栽培：因环境受限，栽培养护难度要比花圃群体栽培难度大。阳台环境光照不均衡，气温高，昼夜温差小，相对空气干燥，几乎无群体效应，且栽培管理均在早晚业余时间。冬季环境更差，冬季供暖前、春季停止供暖后两段低温时期，温度无法弥补，这些即为温室栽培与阳台栽培的主要区别。阳台栽培攀缘棕柱植株时，应考虑围栏高度及地面至屋顶的高度。围栏为不透光的板材时，栽培的植株应放在围栏有光照的面上；围栏为通透的栅栏时，应放在阳台地面上，总之应放置在有明亮光照而不受直晒的地方。阳台朝向对光照影响很大，北向阳台光照最弱，如果通风良好，能保湿，栽培场地不过于狭窄，可以经常与其它朝向阳台栽培的植株相互换位，也能良好生长。东向、南向阳台，只要无直晒光照可不遮荫，西向阳台必须遮荫。阳台栽植最好在春夏间进行，最好选用人工配置的栽培土，花盆参照花圃选用的规格。棕柱的高矮要考虑阳台的高低，习惯上长度不超过1.5米，花盆下需设接水盘或设置沙盘或沙箱，栽植后放置在接水盘、沙盘或沙箱上，栽植方法参照花圃栽植。生长期间早晨或傍晚浇水或喷水。15～20天追肥1次，每5～7天转盆1次。冬季要求充足光照，供暖前及停止供暖后两个较低温时间段，盆土保持偏干，尽可能喷水浇叶不浇水。供暖后浇的水应先放入广口容器中，待水温与室温接近时再浇，喷水应在室内进行，切勿移出室外。摆放的位置应远离供暖暖气片及空调直吹处。其它参照花圃栽培。

---

30. 扦插分栽后的天鹅绒蔓绿绒，在温室环境如何栽培？摆放有什么要求？

答：天鹅绒蔓绿绒为茎蔓较短、生长较慢的种类，栽培容器的大小应与株型大小相匹配，幼苗阶段习惯上选用口径14～16厘米高筒盆，成型植株选用25～30厘米花盆。选用人工配制栽培土，栽培土需经充分晾晒，有病史的花圃、温室或地域应用过的土壤应高温消毒。所用容器工具，均应清洗洁净，以免重复侵染。栽植时先垫好盆孔，装填栽培土至盆高的1/4～1/3，一手握苗置于盆中心，另一手用苗铲向四周填土，随填随扶正小苗，随压实，直填至留2厘米左右水口处，置遮荫50%～60%的温室中南侧，浇透水后保持盆土湿润，并喷水或喷雾洗叶，喷水时将场地四周同时喷湿。室温保持15～20℃，高于25℃时开窗通风，夏季加大通风量。苗期为使其迅速生长，叶片快速成型，最好15天左右浇1次复合无机液肥，氮、磷、钾的配比量为3∶1∶1，并对水成浓度3%～4%浇施。浇肥时，浇壶嘴要贴近盆口，直接浇于盆内，切勿溅于叶片上，如溅到叶片上应及时喷水洗净，并尽可能使浇肥、浇水的工具不接触叶片，以免刮伤叶片，一旦造成人为机械损伤将无法弥补。入秋后自然气温降低应停止追肥，减少浇水量，并逐步减小遮荫度。冬季及时加温、保温，室温12℃以下时更应控水，虽然能耐5℃低温，但长时间5℃以下也会产生寒害，中午室温过高时，仍需开窗通风。单面光照温室应10～15天转盆1次。

天鹅绒蔓绿绒叶相对粗糙，但有天鹅绒光泽，易附着粉尘，栽培养护时易使粉尘散落于叶片上，一旦陈积洗刷难度大。保持场地潮湿，遇风关闭通风窗，喷水洗叶应用洁净水，不用含矿物质多的水，才能防止这种现象发生。叶片丰满健壮，茎蔓尚未攀缘或弯曲时即为供应市场之时。

天鹅绒蔓绿绒摆放时间较长时，应选择光照明亮、通风良好场地，光照不足天鹅绒光泽消失，如果时间不长于10天，可不必有此选择。摆放期间保持盆土湿润不积水，接水盘中不断水。耐空气干燥性稍强，室内或走廊陈设，相对湿度30%～60%，光照明亮环境，经过锻炼一段时间后仍能继续生长，很少发现黄枯叶片。靠近玻璃窗、楼梯间陈设也相对较好。

31. 天鹅绒蔓绿绒在6楼阳台上如何栽培？摆放在客厅时怎样养护？

答：楼房阳台环境，随楼层的增高，光照、通风、空气湿度均有较大的变化，楼层越高，光照越强，建筑物吸收的光照转换成热能越多，夜间自然温度下降后，这种热能又释放出来，从而造成昼夜温差变小，空气中的水分蒸发就快，造成空气湿度减小。在天鹅绒蔓绿绒的养护管理上也有较明显的区别，如果较细致观察会发现，同时向盆土内浇水，并喷水于叶片，1层阳台叶片尚未干时，6层阳台上栽培的植株叶片已经无水的痕迹，当6层的土表见干时，栽培在1层的土表仍有湿痕，因此在6层栽培时，需晚间浇透水，早晨还需适量找水，如果1层晚间向叶片喷1次水，6层阳台栽培的植株则需早晚各喷水1次。

阳台的朝向不同，光照的强度、角度、时间长短，绿地中乔木的遮光度等差异很大，另外阳台有无护栏，有无阳台顶罩也会影响光照强度。敞开阳台与封闭阳台的光照、通风、空气湿度也各有不同，养护管理也应各有差异。

如果由小苗开始栽培，应先选用12～16厘米深筒花盆，选用人工配制的栽培土，将底孔垫好后填装一层3厘米左右土壤，再填一层腐熟饼肥或3～4片蹄角片，再填土至1/4～1/3的位置，将小苗放置在盆中心，用手或苗铲再次填土，扶正，四周压实，使小苗呈直立状态，直填至留水口位置，最后蹾实，置阳台内窗台的接水盘或沙盘沙箱上，或准备好的花架上，如果有阳台罩，南向阳台不必再遮荫，东、西向阳台上午10：00前或下午4：30后有短时直晒光照，也无需遮荫，北向阳台或其它各阳台只要中午无直射光也不必遮荫。无阳台罩的阳台或完全敞开的阳台以及窗台护栏内，应考虑中午时间有直射光照时，则必需遮荫。浇透水保持盆土湿润，每天向叶片喷水2～3次，喷水最好应用纯净水或矿物质少的水，叶面一旦产生水渍或尘污将很难清除。每10～15天或依据长势转盆1次。养护浇水最好于早晨或傍晚。苗期为叶片快速成型期，每10～15天追无机液肥1次，追肥勿溅到叶片上，氮、磷、钾配比最好为3：2：2，再对水成浓度2%～3%。

叶色绿中带有紫色为正常生理现象，如紫色减退或消失，应加大光照强度。秋季自然气温低于10℃时，栽培在敞开阳台的植株移入室内或封闭阳台内光照较好处，此时光照虽然尚很强烈，但与温室不同，温室中光照面积大，距塑料薄膜或玻璃近，易受日灼；家庭射进的光照为斜射光，并有较厚的空气层隔离，不会产生日灼病。由于自然气温逐步降低，植株生长缓慢，应停止追肥，减少喷水及浇水量，盆内土表不干不浇，供暖前、停止供暖后的两个低温时间段，土表不过干不浇。供暖后摆放位置应远离供暖暖气片及空调，盆土保持稍偏干。浇用的水，要在广口容器中晒或放置至与室温相近时应用，喷水应将盆株置于卫生间或厨房水池内喷水洗叶，室外自然温度再高也不能移至室外喷浇。室内仍应坚持转盆。春季自然气温稳定在15℃以上时，可移至敞开阳台无直晒光但光照必须明亮处，或早晚有直晒处栽培养护。当植株成型叶2片以上时，脱盆换入20～40厘米深筒盆中，适当施入农家肥作基肥，施用市场供应的缓效肥或小包装全元素肥或促叶基肥，可按说明量施入，然后再填栽培土5～8厘米，或填至盆高的1/4左右，将土球苗置于盆中心，四周填土，并随填随压实，填土至土球高2/3时，沿盆壁四周再加3～4片蹄角片，或一圈腐熟饼肥或腐熟厩肥，宽高均为1厘米左右，肥不能直接接触根系，以免有未完全腐熟的有机质产生有害气体及热量损伤根系。最后填栽培土至水口，蹾实，仍放置原场地，90天以后再追肥。如遇冬季，可延长至春季生长旺盛期再追肥。其它养护管理同未换盆前。

摆放在客厅养护，应依客厅光照、通风等情况而定。客厅自然光照明亮、宽敞，摆放时间10～15天应移回原处养护，待其恢复原气后再行摆放。客厅较小，光照不足、通风不良时，摆放时间应7～10天即移回原栽培处。长时间光照不足、通风不良，会造成叶片枯黄。在客厅摆放期间，浇水不宜过多，保持湿润为度，如有条件每3～5天喷水洗叶1次，如无条件喷水洗叶，可用湿棉织物擦拭，擦拭宜轻，不可用力过大损伤叶片，一旦损伤不易复原。

32. 战神喜林芋在温室中如何栽培? 租摆后如何养护?楼房阳台环境怎样养护?

答：战神喜林芋又称立叶喜林芋、囊柄喜林芋、布袋喜林芋、肿柄喜林芋等，为非常奇特美丽的直立种类，选用栽培容器应稳重素雅，最好不用花纹过多、色彩过艳的花盆，口径的大小依据株型大小相配为度。选用人工配制的栽培土，通常为园土40%，细沙土30%，腐叶土或腐殖土30%，另加腐熟农家肥8%～10%或腐熟饼肥5%～6%。垫好盆孔后填装栽培土，有条件加3～4片蹄角片或缓效肥则更好，填装栽培土至盆高的1/3左右，将植株放置在盆中心，四周继续填土，随填随压实，直至留2～3厘米水口处，轻轻蹾实，置温室内遮去自然光50%～60%的半阴场地，浇透水保持湿润并喷水洗叶。待新叶发生后减少浇水量，并保持不积水，不过于干旱，喷水也不宜过勤，盆土长时间过湿或有积水，会引起根系腐烂，这是与其它喜林属观叶花卉在栽培养护中区别较大的地方，保持盆土不干不浇水，在相对空气湿度50%～60%环境中长势良好。生长期间温度保持18～26℃，越冬室温最好不低于12℃，高温天气应加大通风量。上盆75～90天后，每20天左右追肥1次。单面光照温室，如发现叶片追光偏向一侧时，需转盆。其它养护参照其它同属直立型观叶花卉。

　　阳台栽培，容器也应依据株型大小选择相匹配的花盆，应用人工配制的栽培土。如果无条件找到人工配制的栽培土，可用充分晾晒的旧盆土及市场供应的腐殖土各50%，掺拌均匀后也可代用。栽植好后，无论敞开阳台，还是封闭阳台，均应放置在光照明亮又不直晒的阳台内窗台，或预先备好的花架上，盆下放接水盘或沙盘沙箱等，浇透水并保持盘内有水，沙盘沙箱内的沙土水分呈饱合状态，喷水清洗叶片。生长期间，封闭阳台盆内土壤表面不干不浇，高温季节早晨或傍晚浇水，低温季节中午浇水，供暖前或停止供暖后两段低温时间段，需光照良好，最好不浇水，供暖后或室温稳定在12℃以上时再行浇水，如果盆土过干，可移至光照充足的室内，少量浇水，1～2小时后浇透水，以保证根系不受损。生长期间每20天左右追有机液肥或无机液肥1次，应用无机肥其配比应为氮3：磷2：钾2，然后对水成2%～3%浇灌。应用市场供应的小包装肥料或促叶肥、缓效肥等肥料时，按说明施用，室温低于12℃停肥。如因浇水不当，盆土长时间过湿，或追肥不当产生停止生长或叶片出现轻度萎蔫，多为根系受损，应及时脱盆换素沙土补救，出现严重萎蔫则很难复原，甚至造成全株枯死，只能脱盆切除全部受损根系及茎部，仅留尚完好部分行扦插，保留品种。

　　租摆陈设或摆放时，应依据光照、通风、温度等实际情况，确定摆放时间长短或方法。光照明亮、通风良好、场地宽敞，室温不高于25℃，摆放时间可长达2周，反之则1周1换。千万不要摆放到植株特别虚弱时候再更换，定期更换移回到温室，也需很长时间才能复壮。陈设期间，盆土不宜过湿，每2～3天喷水或用棉织品擦拭叶片，保持叶片洁净。有些场地可短暂摆放，如会议室、议事厅，应随用随摆，用完即撤回温室养护，以减少不必要的损失。

33. 住楼房环境，怎样用墨西哥喜林芋的扦插苗栽植于攀缘棕柱？摆放多长时间应返回原处复壮？

答：墨西哥喜林芋楼房栽培，应在阳台或护栏内栽培养护。选用口径30～40厘米素雅稳重的深筒花盆，盆土选用人工配制的栽培土，如果自行配制土壤，需用未经污染的基质组合，园土应来自果园、菜地、花圃等地，细沙土取自河边或沙壤土栽培地。城市公路边缘、绿地边缘、掏下水道已被化学污染的水沟土、沙壤土等最好不用。腐叶土可用市场供应的腐殖酸土代替。配比仍应为园土40%，细沙土30%，腐殖酸土30%，另加腐熟饼肥或市场供应的膨化粪肥3%～5%，拌匀后应用。上盆时如加蹄角片应为3～4片，应用缓效肥或小包装基肥按说明施用，栽植时根系勿直接接触肥料。垫好盆孔后，填1/4土，即立棕柱，将4～6株苗均匀放于四周后，填土至盆口。栽好后置阳台内之窗台或备好的花架上，放置在护栏内的植株应适当遮荫，如光照明亮，无直射光时不必遮荫。浇透水后保持盆土湿润不积水，并喷水洗叶，喷叶用的水最好应用纯净水。深井水、自来水以至河、湖水含盐碱等杂质多，易滞留于叶片积成水垢，清除困难。小苗进入生长中期长速加快，应每15天左右追无机液肥1次，氮、磷、钾三要素配比应为前期最好为3∶1∶1，中期改为3∶2∶2，并对水成3%～5%浓度浇灌。选用饼肥时，宜稀薄勤施，如增施叶面无机肥时，应于早晚喷施，对水浓度0.2%～0.3%，大于0.5%会产生肥害。

封闭阳台夏季室温高于25℃时开窗通风，低于12℃控制浇水并应充分受光。敞开阳台只要通风良好，高温也能缓慢生长，但需勤喷水，夜间低于12℃时移入室内或封闭阳台，同样需控制浇水量，但不宜过干，过于干旱会引起老叶早衰、变黄脱落。在低温环境，光照不足，盆土长时间过湿，根系不能正常呼吸，容易产生烂根，致使叶片变黄枯干，脱落。因此需要良好的光照。

陈设于楼梯间，如果光照明亮、通风良好，夏季应保持盆土潮湿，最好每天能喷水1次。冬季保持湿润，室温最好不低于12℃，但能耐短时低温。如果长势良好，可20～30天更换1次。光照过弱、通风又差时，少浇水，保持土表不干不浇，应不超过10天即应更换运回原栽培处养护，待复壮后再行摆放。摆放于客厅应远离空调及冬季供暖之暖气片。其它参考普通房间陈设。

34. '长心叶'蔓绿绒小苗怎样栽培？温室栽培与家庭栽培有哪些不同？

答：'长心叶'蔓绿绒又称'绿宝石'喜林芋，简称'绿宝石'，为目前最常见、应用最广泛的种类之一。扦插成活后即行分栽于12～14厘米×12～14厘米营养钵中，选用常规人工配制的栽培土，即园土40%，细沙土30%，腐叶土或腐殖土30%，另加腐熟厩肥10%～15%或膨化粪肥或腐熟饼肥5%～8%。应用无机肥时为土壤容重的0.2%～0.3%。栽植后置温室较明亮的半阴场地，浇透水并喷水洗叶，保持盆土湿润、无积水、不过干。依据气温高低每天喷水1～3次，使空气湿度保持在70%～80%之间，室温在20～30℃之间长势良好，室温高于30℃、空气湿度大于90%时，应开窗通风。闷热天气长势更快。

苗高30～40厘米，脱盆换入口径30～40厘米深筒盆中。换盆前将盆洗刷洁净，特别是已经久用的盆更应如此。栽培土应高温消毒灭菌，或摊开充分晾晒，以杀除地下害虫及虫卵。上盆时先将盆孔垫好，填装2～3厘米栽培土，放一层2～3厘米厚腐熟厩肥或厚度不大于1厘米的膨化粪肥或腐熟饼肥，也可以应用少量无机肥，每盆20～30克，再次填栽培土3～5厘米，将棕柱覆土立稳，将苗去宿土裸根紧贴于棕柱，并用易分解线绳四周均匀捆绑于棕柱上，使其两者紧密接触，扶正填土至留水口处，仍移回原处浇透水，喷水洗叶。在生长季节，高温晴天喷水1～2次，阴天视空气湿度情况，湿度高时不必再喷水，仍需保持盆土潮湿。生长期间每15～20天施肥1次。越冬室温最好在15℃以上，低于12℃时控水。冬季光照要求稍强一些，仍不能直晒，在遮去自然光40%左右环境中未见日灼，长势良好。

阳台栽培天南星科观叶花卉，前面已经介绍很多了，同属观叶花卉栽培方法大同小异，可作参考，其主要区别为阳台的光照、通风、温度等环境受一定限制，阳台朝向又不相同，空气湿度相对较小，又不易改善，故需加强养护管理才能良好生长。

35. 琴叶蔓绿绒如何栽培养护？

答：琴叶蔓绿绒又称琴叶喜林芋、裂叶蔓绿绒，在南方暖地栽植于树旁墙边，可以气生根攀缘于树干上或墙面上，长势良好。在冬季寒冷的北方多作容器栽培，但在光照良好的观赏温室中或有保温供暖的四季厅中，也可攀缘于树干、墙壁或景石上。

(1) 温室容器棕柱栽培：扦插苗生根后，可栽植于口径12厘米左右小营养体中，或直接栽植于30～40厘米深筒花盆中，花盆应素雅、大方、稳重。垫好底孔后，填装3～4厘米常规栽培土，无人工配制的栽培土时，可选当地疏松、肥沃、排水良好园土，再填一层腐熟饼肥或膨化粪肥，厚度以不见栽培土为度，或3厘米左右腐熟厩肥或4～5片蹄角片，应用无机肥时，最好为氮、磷、钾三要素复合肥，无复合肥可配成3：1：1，每盆15～30克掺入土壤中。应用缓效肥按说明施用。填土至盆高1/4时，将棕柱置于盆中心，填土稳固，再将小苗紧贴于棕柱四周，每盆5～6株，这只是一个参考数值，分枝多可适当减少，苗小、分枝少可适当增加，并将苗用易分解的线绳整齐均匀地固定于棕柱上。填土至留水口处，置遮光50%左右的场地，浇透水并喷水洗叶。

摆放宜成行成排，并留出养护通道，株行间以叶片互不影响通风、光照为好。恢复生长后，如出现节间变长，应当调整光照及浇水量，自会恢复良好生长。生长期间浇水应视盆土干湿情况而定，最理想应于盆土表面干燥时即浇，但每天需向叶片及棕柱喷水1～2次保持潮湿，以利气生不定根易于附着在棕柱上，喷水时连同四周场地同时喷湿，以保持较高的空气湿度。当新叶长至4～5片时，每15～20天追液肥1次，追浇无机肥时以氮肥为主，磷、钾肥次之，对水成浓度3%～4%，如选用根外追肥，对水浓度应为0.3%，无论追哪种液肥，均应直接浇于盆中，勿溅于叶片以免产生肥害，如果发现有溅于叶片时，应喷水洗叶，最好不用深井水、自来水及含矿物质较多的河、湖、塘、池的水直接喷于叶片，一旦因杂质产生水渍很难清除，故最好应用过滤后的纯净水。浇灌用的深井水、自来水最好先贮存放于晒水池中，待水温与自然气温相近后，以及自来水中的次氯酸钠挥发后再浇灌。无化学污染的塘水、河水，水温与自然气温相近，可直接浇灌。温度在20～30℃生长良好，习惯上高于25℃时开窗通风，室温低于15℃时停止追肥，控制浇水量。生长期随生长随调整枝条位置，使其直立攀缘。单面采光温室栽培，发现枝叶因追光而弯向一侧时，及时转盆。

(2) 阳台栽培：除北向阳台外，其它朝向有明亮光照或早晚有直晒光照阳台均能栽培。封闭阳台或敞开阳台或护栏内，只要明亮不直晒，能制造一个空气湿度适当的环境，均能良好生长。栽植前备好接水盘或沙盘、沙箱，放置于光照明亮之阳台内窗台或预先备好的花架上，家庭环境选择栽培容器也应稳重端庄、素雅大方，应用现有容器时，可不考虑形态图案，但应刷洗洁净。旧盆土中原来栽植的花卉无病害，疏松、肥沃，也可经充分晾晒后，掺入市场供应的腐叶土或腐殖酸土后应用，掺入量依据旧盆土的密度，腐叶土或腐殖酸土占30%～50%，密度高多掺，密度小少掺。并掺入土壤容重5%～8%市场供应的膨化粪肥（膨化禽类肥）或腐熟饼肥，应用市场的小包装基肥应按说明施用。有条件施用缓效肥则更好，掺入后翻拌均匀。

　　栽植时为移动方便，花盆口径应不小于20厘米、不大于40厘米，棕柱高度依据阳台高度及用途或个人爱好而定，习惯上以60～160厘米居多。用塑料纱网垫好盆底后，深筒盆填土至盆高1/4～1/3位置，立棕柱以求棕柱的稳固，棕柱固定后，将小苗5～7株紧密贴于棕柱上，应用易分解的线绳捆绑牢固，使其呈直立状态。常用的线绳为以有韧性的植物叶片或皮层为原料制成的麻绳，或马蔺、凤尾兰、稻草、桑树皮以及纸绳等。小苗依附于潮湿棕柱上很快即能发生气生根，当气生根依附稳固后，捆绑物已经分解腐烂，不会影响茎干生长发育。继续填土至留水口处。

　　花盆放置于置备好的接水盘或沙盘沙箱上，浇透水，保持接水盘内长期有水，或沙盘的沙含水量处于饱合状态，并喷水洗叶。生长期间每日喷水2～3次，每日早晨或傍晚浇水1次。由栽植日起75～90天后每15～20天追肥1次，为避免异味发生，可适量加入EM菌液。应用无机肥时10天左右1次，可应用尿素、硝酸铵及磷酸二氢钾等，对水浓度3%～4%浇施，在自然气温20～30℃长势良好，在夏季潮湿闷热环境中，自然气温达34～36℃时，仍未见停止生长，但节间明显变长。15℃以下生长缓慢，能耐短时12℃低温，低于10℃很可能产生寒害，一旦受寒害损伤无法复原，甚者全株枯死。冬季供暖前及春季停止供暖后两个低温时间段，应控制浇水量，保持盆土稍干，停止喷水及追肥，白天需良好光照，如有条件加塑料薄膜罩则更安全。供暖后远离供暖设施。冬季浇灌用水，应2～3小时前先将自来水放入容器中，待水温与室温相近时浇灌，浇灌最好在上午至中午。冬季在室内常会出现反温差，即夜间温度高，白天反而温度低，此时只要光照良好，不会受很大影响。如光照过弱，会产生茎节变长、叶片变薄变小，应于白天移至光照良好处。翌春自然气温恢复到15℃以上时，转为常规栽培。基部脱叶过多、失去观赏价值时，应更新重新栽培。

(3) 垂直攀缘栽培：多用于大厦、别墅等光照明亮、有加温设施的四季厅及观赏温室。直接栽植于畦地中，栽植前先平整、翻耕栽植用场地，翻耕深度不小于35厘米，应将地下杂物清除出场地外，土壤中杂物过多应过筛或更换栽培土。用砖石等砌池，池的长短按实际需要而定，宽度应在建筑物基础以外10～20厘米，但外墙距建筑物不应小于60厘米，过小易受人为机械损伤，也不利于老株脱叶后补苗。填入栽培土，并每平方米施入腐熟厩肥4～5.5千克，或腐熟饼肥2～3千克，或膨化粪肥2～3千克，再次翻耕翻拌均匀、耙平、压实、灌透水，水渗下后，下陷的位置用栽培土填平，2～3天后按25～30厘米株距栽植，栽植时将苗扶正四周压实。

如果墙面允许长时间潮湿，可引蔓直接攀缘于墙面上。如果墙面需间歇性干燥，则需用不锈金属网离开墙面、但需坚固地固定于墙面上。藤蔓攀缘于网上生长期间，每天向叶片喷水或喷雾1～2次。喷水前土表不干不浇水，温度高多喷，温度低少喷或不喷，浇水也应相同。小苗伸蔓后领蔓上墙或上网，应随时扶正，使其垂直上攀。室温保持在20℃以上，通常四季均能良好生长，室温低于15℃时应供暖，高于30℃开窗通风。每50～70天追肥1次，为省工省时又不影响观赏，最好选用埋施，埋施深度15～20厘米，每平方米1～2千克。如选用浇施应月余1次，施后浅松土。经3～5年栽培，基部老叶产生脱落时，应在株间补栽小苗以掩盖脱叶处的老茎。天南星科其它攀缘性观叶花卉用于垂直攀缘栽培时，也可参考此方法。

36. 南方暖地怎样使琴叶蔓绿绒攀缘于落叶树上？与北方四季厅中设立的可塑材料造型树攀缘有哪些不同？

答：琴叶蔓绿绒为大型藤蔓以气生根攀缘的观叶花卉，南方露地栽培与北方温室或四季厅栽培，养护管理有较大区别，但栽培方法大致相同。在南方潮湿多雨、自然气温不低于12℃地方可露地越冬。栽植前应先在落叶树四周平整、翻耕栽植场地，翻耕深度不小于30厘米，翻耕的半径应在树干外侧不小于50厘米，翻耕时遇大根应浅翻，不能损伤、截断大根。翻耕后用砖在四周砌保护池，池高应视实际需要而定，翻耕时无大根阻碍，池高可矮些，有大根阻碍时砌池应稍高一些，保持土层不小于30厘米。株距也应依据树的底径（基部直径）或景观需要而定。栽植季节最好在春季，虽遇有阳光直晒，但光照强度较弱，当夏季来临光照强烈时，树叶已经满布树冠，加之阴雨天气较多，不会产生日灼。栽植时将池内土壤填至池面留水口处，栽植土壤应疏松、肥沃、通透、排水良好。应尊重当地栽植习惯，不必强调用常规栽培土，但应适量加入基肥。翻耕用地后应适当压实、耙平。栽植的小苗距树干越近越好，不必考虑大树水分、养分的吸收与利用，琴叶蔓绿绒除由地下正常根吸收水分、养分外，大量气生根也能由潮湿空气中吸收水分、养分。南方暖地雨水多，如在下雨前后栽植，通常不再浇水即能成活，如遇干旱则须浇水，保持土壤湿润。小苗伸蔓后应引蔓上树，在多雨潮湿环境中，自然会良好依附攀缘，不遇特殊干旱年份不必浇水喷水，长势不过弱，也不必追肥。如发现依附不牢而发生下垂时，应捆绑扶正。应该属于粗放养护种类。

在北方温室或四季厅中，无论是选用可塑材料塑造的塑型树，还是选用枯树使其攀缘其上，必需有加温及保温设施，还需人为制造空气湿度及控制光照、控制通风，否则难以成功。在四季厅天井或展览温室中，选定位置后挖掘固定穴，深度不小于1米，将塑型树或枯树，用钢筋混凝土作垫层而后浇筑，浇筑体俗称柱墩，柱墩最好为圆锥形或方锥形，上面应在地表下15～20厘米，筑好后应养护20天以上才能填土。如果树冠较大，应在柱墩一侧或两侧加预制钢筋混凝土横梁，横梁不小于8×13×120（厘米），并用金属丝与柱墩紧密绑合在一起。原土过筛回填，夯实至地表以下20～25厘米，然后四周用砖石砌池，池内填栽培土，应施足基肥，耙平、压实后，浇一次透水，这一工序俗称水夯实。水完全渗下后，将低凹处用栽培土填平，2～3天后即可栽植。如果为孤植造景，应将小苗围树四周均匀栽植，如果几株散点造形，应有疏、有密，给人一种"虽为人造，宛自天成"的感觉，切勿千篇一律，愚立呆板。栽植时同样将小苗紧贴树干，应加捆绑，或用塑料胶条将藤蔓黏附，使其呈垂直状况。浇透水后保持湿润，并喷水洗叶，苗期除向茎叶喷水或喷雾外，应向树干喷水保持树干潮湿，以利气生根攀附。在室温20～30℃生长良好，习惯上25℃以上时开窗户通风，冬季不低于15℃仍缓慢生长。生长期间每天喷水1～2次，如空气湿度在75%以上可少喷，地栽植株水分、养分易调解。长势不过弱，可不追肥。3～5年后老株有可能下部出现脱叶，应在株间补栽小苗，以遮掩脱叶的老茎。

37. 丛叶喜林芋如何栽培？阳台或居室环境怎样越冬？

答：丛叶喜林芋为直立型种，生长较为缓慢，选择栽培容器应依据株型大小而定，逐步换大。在温室环境中，为节省资金，小苗期可选用10×12～12×13（厘米）的小营养钵，最好选用无底孔而钵壁下端有排水孔的花盆。应选用常规栽培土，土壤pH值5.5～7。

栽植时选用废遮荫网或防虫网垫孔，如有条件盆底先放置一层建筑用陶粒，高度至排水孔处，然后填土至盆高1/3左右处，放一层腐熟农家肥约2～3厘米厚，如果应用腐熟饼肥或膨化粪肥，应为0.5厘米左右，不宜过多。再填装一层栽培土，放入小苗，小苗根系勿与肥料直接接触，以免有尚未充分腐熟的部分产生有害物质伤害根系。四周填土直至留水口处，将小苗扶正，四周压实，使小苗根系与土壤密贴，蹾实后置温室半阴处，遮去自然光60%～70%，浇透水并向叶面喷水，喷水时将场地四周同时喷湿，保持场地小气候湿润。高温季节保持盆土偏湿但不积水，高于25℃开窗通风，有利于生长发育。室温低于15℃保持盆土湿润，减少浇水量，坚持土表不干不浇，越冬室温最好不低于12℃。小苗上盆90天左右开始浇追肥，每15～20天1次，气温低于15℃时停止追肥。如果发现叶色不鲜明，甚至出现黄叶小叶，小叶出现不久即停止生长，而后黄枯，应为土壤pH值增大，应换土或浇灌矾肥水或硫酸亚铁500倍水溶液，改善土壤pH值后，自然逐步恢复，但黄叶、小叶不能复原。当生长至4～5片成型叶时，应换大一号花盆，土壤、肥料、栽植方法与小苗上盆基本相同。

阳台环境栽培，由于环境的限制生长较为缓慢。苗期选用12～14厘米深桶花盆栽培，栽植前预先备好接水盆、沙盘或沙箱，应放置在阳台明亮而无直晒光照的场地。栽植时先将花盆底孔垫好，填装2～3厘米栽培土，刮平后加一层1厘米左右腐熟基肥，也可施于盆内壁四周，填土将基肥覆盖压实。栽培土最好按园土30%、细沙土30%、腐殖土或腐叶土40%，另加腐熟肥5%～8%拌匀后栽植小苗，随填土随压实，始终保持小苗呈直立状态，最后蹾实，置接水盘或沙盘，沙箱上。浇透水后保持盆土湿润，接水盘内不断水，沙盘、沙箱水分呈饱和状态，并喷水洗叶。生长期间每天傍晚或早晨浇水1次，如盆土仍湿润可隔天浇1次，但需每天喷水1～2次，增加空气湿度，湿度不足，不但生长缓慢，且叶柄变短、叶片变小，叶片伸出角度也变大（向外伸或向下垂），降低观赏价值。每15～20天追肥1次，加以适量的硫酸亚铁或硫磺粉，调整土壤pH值。应每6～7天转盆1次，以避免叶片因追光而弯向一侧。封闭阳台及时通风。秋季自然气温低于15℃，应移至封闭阳台或室内光照充足处，停止追肥，土表干后浇水。翌春视株型大小换盆或换土。

秋冬之际，由花卉市场选购或由温室中运至楼房的成型植株，应放置在封闭阳台或居室光照良好场地。室温最好保持15℃以上，土表不干不浇水，每天喷水1～2次或喷雾1次，室内比较干燥时，应每天1～2次，并以上午为好。室温低于15℃应控制浇水量，减少或不喷水，停止追肥。如叶片有灰尘，可选用棉编织品擦拭。低温环境必须光照良好。本种低于10℃有可能产生寒害，一旦受害将无法复原。

38.‘金心叶’喜林芋在北方温室中如何栽培？摆放于宾馆饭店时怎样养护？楼房环境怎样栽培？

答：‘金心叶’喜林芋为‘金黄心叶’喜林芋的简称，又称‘黄叶’喜林芋、‘金心叶’蔓绿绒、‘金叶’蔓绿绒等。喜较强的明亮光照，光照过弱，叶片失去光泽，直晒会产生灼伤，通常夏季遮光50%～60%，冬季40%～50%。栽培养护参照‘长心叶’喜林芋。

在宾馆、饭店陈设摆放时，适当考虑当地当时光照、温度、通风等环境，摆设于四季厅或光照明亮的大厅中的植株，生长季节保持盆土湿润，每日喷水或喷雾洗叶，或用蘸水棉织物擦拭一遍。出现新生叶片变小、变薄、节间变长，叶片光泽消失时，应及时更换，移至温室复壮。

楼房环境，栽培容器选择30～40厘米深筒花盆，深筒花盆又称高筒花盆，与常规花盆的主要区别在于盆的垂直高度大于口径，或相当于口径的尺度。盆垂直高度小于口径的尺度，为常规花盆，但也不能高度过小，高度过小称浅盆。栽培土壤选用人工配制的栽培土，如无适合栽培土，可用原栽培花卉的旧盆土加入市场供应的腐殖土，各50%，另加腐熟饼肥或膨化粪肥5%～8%拌匀，充分晾晒后上盆栽植。栽植时如选用材质密度较高的花盆如瓷盆、塑料盆、釉盆，垫底孔时最好用纱网，便于透水；如选用材质密度低、透气性良好的花盆，如瓦盆、白砂盆等，垫底孔可任意选择，但必须良好排水。垫好底孔后，填栽培土2～3厘米，再填一层约0.5～1厘米腐熟饼肥或膨化粪肥，或蹄角片3～4片，再次填装栽培土至盆高的1/3左右，置入棕柱用土稳固于盆中心，四周栽植小苗5～7株，如根系伸张力较强，可用一手按扶使其密贴棕柱，一手用苗铲铲土装填，应随填随用手压实，填至留水口处，水口深1～2厘米，再刮平、蹾实。置阳台之窗台上备好的接水盘或沙盘上，浇透水，保持接水盘内存有积水或沙盘中沙土含水量呈饱和状态，并喷水或喷雾洗叶。高温季节每天早晨或傍晚浇水，并喷水于叶片，保持棕柱潮湿，以利于气生根攀附。如放置于窗台护栏中，应适当遮荫。生长期间每5～7天转盆1次，转盆宜轻，勿使叶片受机械损伤。栽植后75～90天，小苗恢复健壮生长后，开始追液肥，应用有机肥15～20天1次，应用无机肥对水成浓度3%～4%，每10～15天1次，万勿急于求成，施用过浓或增加次数。因阳台生长发育环境受限，施肥过浓或过勤，易产生肥害，一旦受害很难复原。自然气温高于30℃时，封闭阳台栽培苗应加大通风，如有空调时，室温最好不低于25℃，温度骤升骤降，会使植株停止生长及叶节长短不齐。敞开阳台如有条件，晚间连同接水盘或沙盘等移到阳台外栏面上通风较好处，白天仍移回原处。自然气温低于15℃时，应移至室内或封闭阳台光照明亮度较强的场地，并远离供暖设施。在供暖前及停止供暖后的两个低温时间段，如气温低于13℃，控制浇水量，加强光照即能度过。如果低于10℃，可罩塑料薄膜罩或透明纸罩，严格控制浇水及喷水，移至光照充足处也可安全度过。室温再低，只能借温室越冬。冬季表土微潮时，即行补充浇水及喷水或喷雾洗叶。如果反温差较大，白天必须置光照充足处。翌春自然气温恢复到15℃以上时，应换大盆，转入常规栽培。

阳台栽培最好选用南向阳台，夏季有较强的明亮光照，冬季阳光能射进室内。东向阳台夏季可不遮光，西向阳台则需遮光，北向阳台如果宽敞明亮，早或晚有较强光照，也能栽培，但长势稍弱。冬季应移入居室光照较好场地。

39. 羽叶蔓绿绒怎样栽培？家庭栽培与温室栽培有哪些不同？

答：羽叶蔓绿绒为近似春羽的直立种，茎短，生长相对较缓慢，有气生根。基部易生分蘖。

(1) 温室栽培：春夏间分株，植株切下后，伤口涂蘸硫磺粉或新烧制的草木灰。应将带有气生根的苗与不带气生根的苗分别放在通风良好、潮湿的地面或花架上，待伤口稍干后栽植。苗期依据苗的株型大小，选用花盆或12×12～14×12（厘米）营养钵。壁孔垫好沙网后，装填栽培土至盆高的1/3时，将带气生根苗放置于钵中心，用土压好扶正，继续填土至留水口处。不带气生根或气生根很小的苗，填装栽培土至1/4左右，刮平压实，再填一层无肥土或经充分晾晒过的细沙土或蛭石，将苗放置无肥细沙土或蛭石上，再用细纱土或蛭石固定，使苗的伤口及短而小的气生根不与栽培土接触，再填装栽培土，随填随压实，填装至留水口处蹾实刮平，置温室半阴场地浇透水，并喷水洗叶。养护期间保持钵内土壤湿润，高温季节每日喷水1～2次，通常不再单独浇水，但表土见干时应补充浇水，保持相对空气湿度50%～75%，室温高于25℃时加大通风量。小苗恢复生长后适当减少浇水，仍应坚持喷水。株间拥挤时，应拉开间距。单面光照温室，发现叶片追光弯曲时，应随时转盆，随时拔除杂草，薅草要除根。生长期间每10～15天追肥1次。室温低于12℃时控制浇水量，逐步增加光照明亮度或加温保暖，冬季室温最好不低于15℃，但能耐短时10℃低温，低于8℃有可能产生寒害，特别是在盆土过湿时更易发生。低温环境停止追肥。翌春换盆后，仍继续常规栽培，苗6～9片叶时，可供应市场。

(2) 阳台栽培：应用的栽培容器不必苛求，利用原有栽培花卉的旧盆，刷洗洁净后即可应用，但口径不宜过小，以免栽植后形成头重脚轻、给人以易倒伏的感觉。应用常规栽培土，如无栽培土，可利用经充分晾晒的旧盆土，加入40%市场供应的腐殖土，再加5%～8%膨化粪肥，如能找到腐熟饼肥也按5%～8%加入，应用腐熟厩肥时为8%～10%。也可应用市场供应的小包装基肥（底肥）或缓效肥，按说明施用。施用蹄角片应为3～4片，施用无机复合肥时为土壤容重的2%～3%，习惯上多在换土时施入，小苗期很少施用无机复合肥。除施用蹄角片或动物皮毛肥外，其它均应均匀地搅拌在土壤中。用碎瓷片或玻璃片等有光滑面的物体或网状物体垫盆孔，以利排水通畅。垫好后填入栽培土至1/3左右刮平压实，将小苗放置于中心位置，一手扶苗、一手用花铲或直接用手填土，随填随压实，小苗固定后检查是否位置端正垂直在盆中心，如果偏离或歪斜应即校正，校正有困难时，应脱盆重栽。填土至留水口时刮平，还需蹾实。置阳台半阴处的接水盘上浇透水，并喷水洗叶保持盆土湿润。

养护期间每日早晨或傍晚浇水或喷水，恢复生长后每5～7天转盆1次，70～90天后气温在15～30℃之间，每10～15天追肥1次，低于12℃或光照不足时停止追肥，追肥直接浇于土表，勿溅于叶片上。敞开阳台入秋后自然气温低于12℃时，移至居室或封闭阳台光照较好的场地，叶片距供暖设施40厘米以外，防止烤伤叶片，如欲放置于暖气罩上，可用泡沫吹塑板或木板垫高25厘米以上。

在供暖前或停止供暖后两个低温时间段，控制浇水量，保持土表不干不浇。冬季，作为浇灌或喷雾用的水应预先放入广口容器中，在水温与室温相近时应用。喷水洗叶应在室内进行，切勿移至室外，以免受寒害或冻害而损伤植株，对这一问题曾有读者提出探讨，说白天为晴天、光照充足，自然气温10℃左右，风力不大，自我感觉很温暖，将室内栽培的成型植株移至光照充足场地，用小喷壶喷水洗叶，连续喷水3次，叶片显得洁净清新，后移回室内，不久大多数叶片变黄枯干，百思不得其解。其实道理很简单，冬季居室温度最低也不低于18℃，室外自然气温10℃，当将植株移至室外后，骤降8℃，况且实际还要低于这个温度，加之喷水洗叶，水的温度传导速度很快，迅速使叶片、叶柄体内温度下降至耐寒的最低点，随温度急速降低，组织停止生命活动，受害时间短，几分钟或十几分钟移回室内，体内生命活动要较长一段时间才能恢复。这段时间偏偏又遇到室内干燥环境，大量水分蒸发而无法补充，等到生命活动全部恢复后，损伤部位已经无法挽救，故造成部分叶片变黄干枯。如果这段时间很长，达到几十分钟或更长，停止的生命活动将无法全部恢复，很可能造成全株枯死。翌春自然气温稳定于15℃以上时，转入常规栽培，应依据株型大小，需换大盆时脱盆换入大盆。

(3) 庭院栽培：住平房有小院条件，夏季可置于浓荫树下或浓荫花架或棚架下，如无树荫或棚架时，应建立小遮荫棚。盆下应垫砖石，防止地下害虫潜入盆内危害及雨季泥土溅于花盆壁上或叶片上。并应有防雨、防风设施，特别是有冰雹等灾害天气，更应提前预防。应依据自然气温高低，每日喷水或喷雾，增加小环境空气湿度。其它栽培养护参考阳台栽培。

---

40. 心叶树藤能盆栽吗？怎样盆栽才能良好生长？

答：心叶树藤又称小叶绿萝、心叶绿萝，为蔓绿绒属观叶藤本花卉。称为绿萝可能是因为形态相似而造成的。在南方空气潮湿的暖地，可攀缘于落叶树或建筑物墙面及岩石上，因其极易发生气生不定根，攀缘性也较强，所以应用广泛。心叶树藤除作绿化材料外，还可攀缘棕柱，悬垂栽培，布置四季厅、展览温室等。北方只能在温室或阳台栽培。栽培养护方法可参考圆叶蔓绿绒。但其耐寒性稍强，在16～26℃之间生长良好。能耐高温高湿，36℃时仍继续生长，但节间变长。能耐短时8℃低温，缓慢降温至6℃，仍能抵御较长时间。在空气湿度30%～50%环境中，仍能良好生长。

---

41. 冠叶喜林芋与掌叶喜林芋在北方温室中栽培方法相同吗？

答：冠叶喜林芋为冠叶蔓绿绒的别称，又称小掌叶树藤、放射叶喜林芋、小叶手树藤，为常绿藤本观叶花卉，常作攀缘棕柱栽培。掌叶喜林芋虽然也能攀缘，但生长较慢，通常作直立栽培，极少立棕柱栽培。温度在16～30℃之间生长良好，但高温、高湿，茎节间会变长。栽培养护冠叶喜林芋参考'红宝石'喜林芋，掌叶喜林芋参考丛叶喜林芋。

---

42. 怎样养好'星点'藤？

答：'星点'藤又有'银星叶'绿萝之称，生长较慢，通常作悬垂或攀缘小棕柱栽培。

悬垂栽培选用专用双底花盆或口径14～18厘米花盆。垫好盆底排水孔后即行填栽培土，填至1/3左右时刮平压实，将小苗5～6株按相等距离均匀分布，填土固定于盆内，再填土至留水口处，压实刮平，浇透水后喷水洗叶，悬挂于温室光照明亮潮湿场地，保持盆土湿润不积水。炎热夏季，室温在18～30℃环境中，每天喷水1次，阴雨天气或阴雨初晴天气，自然湿度较高时不必喷水或喷雾，连阴天气、梅雨季节，可视盆土湿度而定，土表干燥时即行补充浇水或喷水，湿润可不浇水。当藤蔓下垂恢复生长后，将四周藤蔓按等距离整理均匀，如果为单面、双面或三面观赏时，应按观赏面调整藤蔓，使其整齐美观。单面受光温室内栽培四面观赏的植株，最好每7～10天转盆1次，单面、双面或三面观赏的植株不必转盆。由栽培开始90～120天后追液肥，如这一时间正遇冬季，应于秋季追肥1次，如冬季室温能保持白天25℃以上，夜间不低于15℃，可继续追肥，夏季每15～20天追肥1次，冬季20～30天1次。藤蔓长30～50厘米即可供应市场。

小棕柱栽培时，选用口径16～24厘米深筒花盆，外壁宜素不宜画面色彩过多，以免喧宾夺主。将底孔用纱网垫好，填土至盆高的1/4左右刮平压实，再将棕柱立于花盆中心，填栽培土固定，填至1/3～1/2时，将4～6株小苗裸根紧贴于棕柱四周，株距分布要均匀，并用易降解的马蔺、纸绳等捆绑于棕柱上，再次填栽培土至留水口处。留水口尺度的多少应依据花盆的材质而定，密度高、通透差应少留，密度小、通透好应多留，但习惯上从盆沿向下留1.5～2.5厘米。置明亮的半阴地场，浇透水并喷水洗叶，保持盆土湿润不过干，不积水。室温在18～30℃环境中长势良好，空气湿度不低于60%，湿度过低、光照过弱，叶片颜色暗淡，在高温、高湿环境中节间变长，所以习惯上，室温高于25℃时即开窗放风。小苗伸蔓后领蔓使其垂直上攀，为使气生不定根顺利扎入棕柱，应保持棕柱潮湿。越冬室温最好不低于15℃，8℃以下有可能受寒害。冬季需更明亮光照。

'星点'藤绿叶银星，非常美丽，端庄中不失活泼，娇柔中不失刚劲，碧绿叶片上银白色的斑点星罗棋布，明媚素雅、光彩夺目，为悬垂及攀缘小棕柱栽培之观叶佳品。

43. '黄金'葛与'白金'葛栽培方法相同吗？有哪些栽培形式？

答：'黄金'葛就是我们常称为绿萝、黄金藤或黄斑叶崖角藤的常绿藤本观叶花卉，而'白金'葛则是一个园艺变种，栽培养护方法大致相同。'黄金'葛在原产地多露地栽培，攀缘于树干、岩石或建筑物墙壁上，盆栽可攀缘于棕柱或悬垂栽培，长势健壮，喜光照能耐半阴，但光照过弱，叶色变暗，叶片变薄，茎节变长；光照过强叶色变黄，斑纹不明显。

（1）攀墙或攀栅栏、攀树干等栽培：垂直绿化在南方暖地常为露地栽培，在北方则适用于四季厅或展览温室。栽植前先平整翻耕栽植用地，建筑物有散水时应在散水以外，无散水时应在基础以外，如果选用靠墙砌花池，可不考虑翻耕位置。平整土地后叠垵或用砖石砌边，畦宽不小于40厘米，翻耕深度不小于30厘米，地下砖石杂物较多时，最好过筛或换栽培土，并按每平方米施入腐熟厩肥3.5～4.5千克，或膨化粪肥、腐熟饼肥、腐熟粪肥中的1种1～2千克，均匀撒于地表后再次翻耕，使肥料在土壤中均匀分布。如有等待时间条件，最好20天后再翻耕1次，使施入土壤中残留的未腐熟部分肥料充分腐熟。耙平压实浇透水，水渗下后，松软下陷的地方用栽培土填平，次日或第三日掘穴栽植。株行距依据实际需要而定，孤植只为1株，无株行距要求，列植习惯上间距30～40厘米，攀缘栅栏或树干时，可适当加密，求自然景观时可疏密有致。小苗伸蔓后，领苗上攀缘物体，如果应用的苗藤蔓较长，栽植后可直接领苗攀缘于墙面、栅栏或树干上，用塑料胶条临时固定，待气生不定根吸附于攀缘物体后，应及时摘除。栽植后及时浇透水，喷水或喷雾洗叶，并保持土壤湿润，不积水不过干。南方多雨地区，雨季栽植可不浇水，土壤肥沃也可减少基肥量。生长期间随时将垂落或位置不当的藤蔓扶正绑好。温室或四季厅应保持15～27℃，高于25℃开窗通风，相对空气湿度40%～80%，空气过于干燥及时喷水或喷雾。越冬最低气温最好不低于12℃，10℃以下停止生长。高温、高湿节间变长，过低则易产生老叶片早黄，一旦枯黄不能恢复，应及时剪除。生长渐弱时应及时追肥，通常90天左右追液肥1次，最好应用充分腐熟后的有机肥，使土壤保持良好的团粒结构，无条件施用有机肥时，可施用无机肥对水成浓度3%～5%浇施。栽培2～3年后，基部老叶自然黄枯，脱叶过多观赏价值降低时，应在株间补栽新苗，以遮掩脱叶的藤蔓，或留3～4个叶痕剪除以上部分，促使发生侧枝更新。目前'黄金'葛栽培多于'白金'葛。

（2）攀缘棕柱栽培：选用30～40厘米口径深筒花盆，以利于棕柱稳定及根系扩展。选用人工配制的栽培土栽植，通常为园土30%，细沙土30%，腐殖土或腐叶土40%，另加腐熟厩肥10%～15%或腐熟饼肥、膨化粪肥、腐熟粪肥任意1种5%，拌均匀后充分晾晒。将盆底孔用纱网垫好，装填栽培土，填至1/3左右，压实刮平，立棕柱于盆中心，用栽培土固定后，再行装填栽培土，填至盆高的2/3左右时，将裸根小苗5～7株均匀、紧密地栽植于棕柱四周，要求苗的高矮、壮弱程度基本一致，并须为先端的扦插苗，否则会造成长短不齐、大小不一，成为废品。栽好后用马蔺、纸绳或易分解的捆绑物，等距离固定于棕柱上，继续填装栽培土至留水口处，并随填随压实，最后踏实，使根系与栽培土密贴，置温室半阴场地浇透水，并喷水或喷雾洗叶，同时将场地四周喷湿，增加小环境空气湿度。摆放要横成行、竖成线，南低北高，以叶片互不搭接为盆距。炎热季节，每天喷水1次，浇水应视盆土干湿情况而定，土表干燥时即行浇水，土表不干不浇。水碱多的地区，喷水、喷雾所用的水最好净化后喷洒（净化设备、设施，园林机械商店有售），这些水渍一旦积于叶片，很难清除。室温高于25℃开窗通风，低于15℃时点火加温。生长期间每月余追液肥1次。当生长至叶片相搭接时，拉开株行盆距。发现叶片追光时转盆。当藤蔓生长至棕柱高的2/3以上时，即可供应市场。

(3) 悬垂栽培：'黄金'葛为目前天南星科中悬垂栽培最常见的种类。悬垂栽培又称悬吊栽培、悬挂栽培、垂吊栽培，又由用途上分为壁挂或悬吊两种形式。壁挂因个性需要，又分为垂蔓及造型两种方法。

悬吊栽培：选用口径12～18厘米专用带提手的双层底花盆，每盆6～10株等距栽植。选用母本中下部扦插苗，最好先用8×12～10×12（厘米）小营养钵，选用栽培土，每钵1株栽植。养护场地铺一层塑料薄膜或地膜，将栽植好的小营养钵苗放置塑料薄膜或地膜上，按株苗的高矮，南低北高整齐摆放，遮荫50%～60%，浇透水后喷水洗叶，高温季节每天喷水或喷雾1次，低于15℃时3～5天喷1次，室温高于25℃开窗通风。为促使快速生长，发生2片新叶后，在室温18～24℃之间时向叶片喷洒浓度0.3%～0.5%无机肥作根外追肥。小苗藤蔓长至30～40厘米长时，换入正规花盆或特定栽培容器。悬吊一词顾名思义为四周无依靠地吊起来，所以在脱钵换专用双层底花盆时，使藤蔓（枝条）均匀分布于四周，中心部位的植株，最好比四周部位的藤蔓稍长一些，以求垂下的藤蔓长短基本一致。栽植后悬挂于温室半阴场地，浇透水，喷水洗叶，保持盆土湿润。恢复生长后，月余追液肥1次，即会良好生长。

花槽应用苗期栽培：花槽应用苗，指大型建筑物2层以上天井围栏外的花槽中，应用的容器栽培垂吊单面观赏苗。栽培养护与悬吊方法基本相同，只有在脱钵换盆时，放在预先准备的花架上使其单面受光，叶片生长转向一致。如果应用悬吊方法培育的植株，叶片转向难以调正，虽能应用，但不美观。

造型式栽培：容器多用半圆锥体、半六方形锥体、长方体截形专用花盆，或窄长方体木箱，尺度大小应依据栽入植株多少而定。容器背后设有提梁或挂于墙壁上的钉孔。制作造型支架，通常支架用直径2.6～3.2毫米的金属丝制作，用直径0.6～0.8毫米的金属丝绑扎成网状造型体的形状。模型网架尺度的大小依据实际需要或个人爱好而定，并设有挂环。小营养钵栽培苗伸蔓后，移至花架上作垂吊栽培或作网架攀缘栽培。藤蔓长至1～1.5米时，脱钵换盆或箱。栽植株数要足够造型蟠虬之用，用线绳将藤蔓捆绑于支架上，要求叶片基本分布均匀，然后悬挂于墙壁。其它养护参考悬吊栽培。

(4) 绿屏式栽培：即屏风或称影壁造型栽培。栽培容器多选用长方体形槽，材质多为木制品，并与支架接在一起，支架可选用金属或木质材料制作，通常为长方形、方形、上边弧形、曲线形或椭圆形等。其尺度大小应依据用途及摆放位置而定，通常距门越近，高度应该越矮；距离门越远，应该越高，习惯上高度为1.6～1.8米。宽度则按门尺度大小、距门的远近而变化，距门越远越宽，越近越窄。如单开门应为距门1米处摆放，最好宽度在1.5～1.8米，双开门应不小于2米，以遮掩视线。选用金属支架时，可选用25×25×3～30×30×3.5（毫米）角钢焊接成框架，并在中间加设30毫米×4毫米拉带，拉带间距不大于1米，框内设棕网或金属网，并平整牢固地固定于框架及拉带上。距支架最下端三角支撑内固定栽植槽，栽植槽高30～40厘米，宽不大于三角支撑最大宽度，栽植槽四角为半圆形，以免妨碍走路。支架、栽植槽全部制作完成后，将其移至温室半阴场地，槽内填装栽培土至1/3～1/2处压实刮平，栽植营养钵脱钵苗，株距以不使背网露出为度，习惯上8～12厘米，如基部有脱叶现象，应间植或重叠小型苗遮掩藤蔓。再次填土至留水口处。再将藤蔓领上支架绑在网上，捆绑时，捆绑的线绳要压于叶片下，外表看不到捆绳迹象，并使叶片基本铺满支撑网。浇透水，并喷水洗叶，保持土壤湿润。待恢复生长后，即可运至陈设现场。

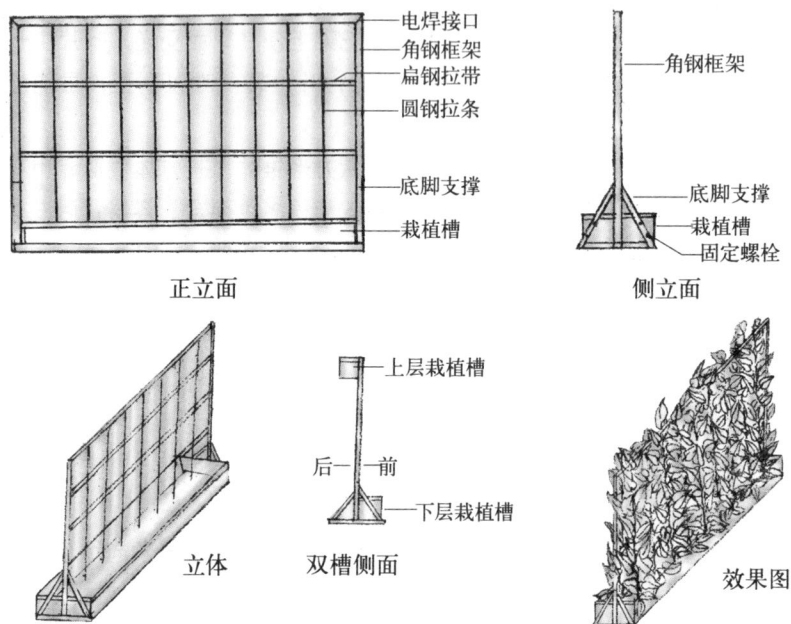

正立面　　　　　　　　　　　　　　　　　　　　侧立面

立体　　　　双槽侧面　　　　　　　　　　　效果图

（5）阳台栽培：北向阳台如果光照明亮或早晚能有直晒光照，宽敞通风良好时，那么南北东西四向阳台均能栽培，其夏季的长势，在敞开阳台并不比闭封阳台长势差。栽植可参考攀缘棕柱及悬垂栽植方法，栽植后应置于阳台较明亮而无直射光场地的接水盘或沙盘、沙箱等上，盘内保持有水，沙盘或沙箱内的建筑沙潮湿。生长季节每天早晨或傍晚浇水，同时洒水或喷雾于叶片。20～25天追液肥1次，应用无机肥时，按对水浓度3%～4%浇施，应用市场小包装肥料，最好选用促叶肥，按说明施用。5～7天转盆1次。敞开阳台自然气温低于15℃时，移入室内或封闭阳台光照充足场地，高于25℃开窗通风。供暖前及停止供暖后两个低温阶段控制浇水量，使其充分受光，盆土不过干，不浇水不喷水。供暖时浇透水，浇水、喷水均需在室内。翌春自然气温稳定于15℃以上时，将其移放到敞开阳台，恢复常规栽培。

（6）庭院容器栽培：北方冬季寒冷地区，平房小院如有条件建造简易小温室，可参照温室环境栽培养护管理。如无条件时可建小荫棚，小荫棚应有防雨、防风、防直晒的设施。在自然气温稳定于15℃以上时，将盆栽移至小荫棚下栽培养护，因冬天在室内环境度过，光照不足，通风较差，造成枝叶鲜嫩，抗性减弱，移至棚下后首先应喷水洗叶，并将栽培场地四周喷湿，增加小环境空气湿度，保证叶片吸收消耗足够的水分，在光合作用下迅速复壮。由于自然气温逐步增高，植株生命活动加快，需养分增多，需每20天左右追液肥1次，并保持盆土湿润。另外在由室内移到棚下时，为防止地下害虫由盆底孔钻入危害，应垫砖石、塑料薄膜、花盆等进行防护。由于环境的变化，加快了新陈代谢，有可能基部老叶变黄，应及时摘除，如基部老叶脱落过多，可脱盆补小苗，遮掩藤蔓或重新繁殖更新。秋季仍应移回室内栽培。

（7）水培：水培是以水为介质栽培方法的简称，又称水养，属无土栽培的范畴。多用于中小型植株栽培观赏。业余爱好花卉栽培，数量不多，可在花卉市场选购营养液；作为大批量生产，则需自行配制营养液。目前世界上已公布的营养液基本配方近30种，在其它基质的配合下，天南星科观叶花卉均能在其中良好生长发育，不但叶片生长健壮，有时还能正常开花。但营养液配制需具备精密的量器与衡器，否则很难掌握配比量。

常见的基本配方有：

格里克基本营养液配方表

化合物	化学式	数量（克）
硝酸钾	KNO_3	542
硝酸钙	$Ca(NO_3)_2$	96
过磷酸钙	$CaSO_4+Ca(H_2PO_4)_2$	135
硫酸镁	$MgSO_4$	135
硫酸	H_2SO_4	73
硫酸铁	$Fe_2(SO_4)_3 \cdot nH_2O$	14
硫酸锰	$MnSO_4$	2
硼砂	$Na_2B_4O_7$	1.7
硫酸锌	$ZnSO_4$	0.8
硫酸铜	$CuSO_4$	0.6
合　计		1000.1

对水成1000升溶液

凡尔赛营养液基本配方表

大量元素（克）		微量元素（克）	
硝酸钾 KNO_3	568	碘化钾 KI	2.84
硝酸钙 $Ca(NO_3)_2$	710	硼酸 H_3BO_3	0.56
磷酸铵 $NH_4H_2PO_4$	142	硫酸锌 $ZnSO_4$	0.56
硫酸镁 $MgSO_4$	284	硫酸锰 $MnSO_4$	0.56
氯化铁 $FeCl_3$	112		
合计	1816	合计	4.52
对水成2000升溶液			

道格拉斯营养液基本配方表（一）

无机盐类	用量（克）	供应元素
硝酸钠	375	N
过磷酸钙	210	P、Ca
硫酸钾	120	K、S
硫酸镁	120	Mg、S
硼酸		B
硫酸锰		Mn
硫酸锌	1	Zn
硫酸铜		Cu
硫酸铁		Fe
合计	826	
对水成1000升溶液		

道格拉斯营养液基本配方表（二）

无机盐类	数量（克）	供应元素
硫酸铵	320	N、S
磷酸铵	225	N、P
氯化钾	120	K
硫酸钙	80	Ca、S
硫酸镁	160	Mg、S
微量元素（同配方表一）	1	Zn、Mn、B、Cu、Fe
合计	906	
对水成1000升溶液		

道格拉斯营养液基本配方表（三）

无机盐类	数量（克）	供应元素
硫酸铵	400	N、S
硫酸钾	100	K、S
过磷酸钙	240	P、Ca
硫酸镁	120	Mg、S
微量元素（同配方表一）	1	Zn、Mn、B、Cu、Fe
合计	861	
对水成1000升溶液		

汉堡营养液配方表

大量元素（克/升）		微量元素（克/升）	
硝酸钾 KNO_3	0.7	硼酸 BO_3	0.0006
硝酸钙 $Ca(NO_3)_2$	0.7	硫酸锰 $MnSO_4$	0.0006
过磷酸钙 含20%P_2O_5	0.8	硫酸锌 $ZnSO_4$	0.0006
硫酸镁 $MgSO_4$	0.28	硫酸铜 $CuSO_4$	0.0006
硫酸铁 $Fe_2(SO_4)_3 \cdot nH_2O$	0.12	钼酸铵 $(NH_4)_6Mo_7O_{24}4H_2O$	0.0006
合计	2.28	合计	0.003

注：配方选自中国林业出版社出版的、由姬君兆等编写的《花卉栽培学讲义》1985年版。

补充营养液配方：

无论应用何种营养液，均需独立溶解后再混合在一起，切勿将元素先放在一起然后加水。营养液应用一段时间后，会产生某种元素被植株吸收利用，而另几种元素吸收利用较少或基本没被吸收，此时不应添加原来的营养液，如果添加会造成元素不平衡，导致植株受害，而应补充营养液，如营养液中的钙、镁含量相对多于其它元素时，应用的补充配方为：磷酸铵111克、硫酸钙80克、硝酸钾510克、硝酸铵80克，加水1000升，补充于原营养液中。如果营养液中的钙、镁含量不足时，或已经被全部吸收利用，则应用配方为：磷酸铵70克、硝酸铵55克、硫酸钾335克、硫酸镁195克、硝酸钙50克，加水1000升，补充于原营养液中继续应用。

几大难题解决方法：配制营养液对中小型花圃及业余花卉栽培爱好者有几大难题。

其一：因微量元素用量很少，不可能设置高精度天平称量，可选用混合分份方法。如：硫酸锌3克，硫酸锰9克，硼酸粉7克，硫酸铜3克，硫酸亚铁10克，共计32克，搅拌均匀后，按1克1份分成32份，装入密封玻璃容器中。配制好大量元素后，将1份加入其中，会方便许多。

其二：虽然天南星科观叶花卉多数喜微酸性，但要求的pH值并不相同，营养液配制后，应该用pH值测试纸测验，并加以调整，如果偏酸可选用氢氧化钠调整。多数不会产生偏碱。

其三：一次最小配制量用1000升水，应用这么大量蒸馏水，对中小型花圃或业余花卉栽培爱好者来讲很可能也是大问题，所以对应用的水也应充分了解。如果是自来水，为自然水过滤后添加一些氯化物及硫化物，这些物质对植物生长发育无益而有害。如果水中钙或镁含量较高，以及硬水，营养液中能够游离出来的离子数量会受到限制，影响营养液中能够利用的成分，可加入少量乙二胺四乙酸钠（EDTA钠）或加入腐殖酸克服上述缺点。如果选用泥炭土作为栽培基质，用无土栽培可避免上述缺点。在深井水水质不良时，也可应用过滤后的塘水、河水、湖水等。

其四：营养液配制时应按一定程序，不能紊乱，配制或存放营养液的容器不能选用金属质地容器，应选用陶瓷、搪瓷、塑料或玻璃质地的容器。配制时最好选用50℃少量温水，将各种元素分别溶于水中，然后按配方所列顺序逐个灌入所定容量75%的水中（如全量为1000升，则应为750升），边灌边搅拌，搅拌工具不能用金属制品，可选用木制品或搪瓷制品，最后将水加至全量。在调整pH值时，应先把强碱或强酸稀释溶于水中，然后逐步滴于营养液中，并随加入随测试。在加入过程中，只能将酸或碱向水中加，不能将水加入酸或碱中。

水培苗栽培方法分两种情况：其一：为批量生产或技术展示，常用沟槽式或池式栽培方式。沟槽式即在栽培场地用砖石砌垄沟，内壁高25～30厘米，并留有2～5厘米垫台，宽依据植株大小而定，但多数为20～25厘米。沟槽除作防漏防渗外，还需铺塑料薄膜或涂抹液体聚乙稀防腐蚀，或直接用硬塑料制作，并设有循环水泵及管道。上面栽植支撑板选用厚3～5厘米泡沫塑料板或1.8～2厘米厚可拆装木板，板上按植株需要的株行距打孔，孔的直径大小也应按植株茎的大小而定。将扦插或压条苗固定在支撑板上，根部在支撑板下部露出，沟槽内灌入营养液，浇入量不宜过满，使支撑板盖上后有1～3厘米空间为度，但根部应浸入营养液中，液面上1～3厘米空间为空气流通的地方。最少每日应将循环水泵开启1～2次，防止营养液腐坏。当因温度自然蒸发及植株吸收利用，使沟内水分减少时，应及时补充营养液。需要供应市场时，取出栽培苗，固定于个体容器中供应市场。池式与沟槽式主要区别为，用砖石筑池，支撑板横向铺设，沟为竖向铺设，其它与沟槽相同。其二：小容器栽培时，可选用瓶、罐、钵、坛等容器，灌入营养液后，将植株固定于其口上，小口类可用自身叶片支撑，广口瓶则需设置金属或塑料线网支撑固定。其它与沟池栽培相同。

44.怎样养好黛粉叶？花友说阳台栽培，室内摆放，在生长阶段多浇水不会造成烂根，是否正确？

答：黛粉叶又称花叶万年青。最好选用园土40%，细沙土30%，腐叶土或腐殖土30%；或细沙土60%，腐叶土或腐殖土40%，另加腐熟厩肥8%～10%，或膨化粪肥或腐熟饼肥3%～5%，拌匀后充分晾晒。栽植应用的容器应与株型大小相匹配，对材质要求不严，但在通透较好的瓦盆中栽培，要比在高密度材质的瓷盆、塑料盆等中长势健壮，且易于养护管理。习惯上，苗期选用口径12～14厘米花盆，批量生产可选用12×12～12×14（厘米）软塑钵，底孔垫纱网。栽植后置明亮而不直晒的温室中，夏季也可置荫棚下，浇透水并喷水洗叶，同时将栽培场地四周喷湿，增加小环境湿度，以后每天喷水1次保持盆土湿润。待恢复生长后，每15天左右追液肥1次，保持盆土肥力，应用无机肥时，10天左右1次，并以氮肥为主，促其快速成型。白天30～32℃，夜间25～28℃，空气湿度不低于75%条件下生长健壮。能耐10℃低温，但最好不低于12℃，8℃以下很可能受寒害，一旦受害很难恢复原状。由于生长发育较快，单向光照温室，很可能叶片为追光而偏向一侧，应及时拉开株行距，并作转盆处理。冬季白天不低于24℃，夜间不低于12℃，追肥改为20～25天1次，低温环境停肥，并控制浇水量及次数，盆内表土不干不浇，习惯上以找水为主，但需保持空气湿度在40%左右，过干叶片枯尖，过湿易罹病害。室温高于25℃开窗通风。翌春脱钵换大一号花盆，仍按原来常规栽培。

在阳台或室内摆放陈设时，由于环境改变，即使是在生长期间，也应控制浇水量，但需勤向叶片喷水，特别是远距离运输的植株更应如此。陈设期间浇水与光照、温度、栽培基质、容器、植株大小有密切关联。如通风良好，光照明亮，室温较高，空气干燥，栽培土壤与容器壁通透性能好，植株较大，此时生命活动旺盛，新陈代谢必然要快，所需要的水分较多，应多浇水；反之则少浇水。其中一项或几项不理想，也应视其具体情况减少浇水量。总之应保持盆土湿润不积水、不过干为标准。因此花友说的摆设时应多浇水，并不完全正确，很可能陈设条件与栽培条件相近，但也不能无节制地大量浇水，应视环境情况而定。

45. **在温室中怎样栽培大王黛粉叶才能良好生长？陈设于大厅或四季厅中如何养护？**

答：在温室中栽培大王黛粉叶，温度保持在18～28℃，遮荫50%～60%，浇水见湿见干，30～40天施含氮肥液1次。保持空气湿度在50%～80%，湿度高于80%，室温高于25℃时及时通风，否则叶片薄，叶色暗淡。在这些条件下才能良好生长。陈设于大厅或四季厅中，将黛粉叶放置在明亮处。在夏季室内开空调时，温度在18～24℃之间，尽量少浇水，4～5天浇1次，可用棉布擦洗叶片或用喷雾器喷洗叶片，保持空气湿度。在冬季，空调吹出的热风或暖气散发的热气，使室内较干燥，空气湿度不足。室内温度较高，在27～30℃之间时，叶片易徒长，浇水1天1次，并多次喷洗叶片，增加空气湿度。其它栽培养护参照黛粉叶万年青。

46. **'银心'黛粉叶如何栽培？温室栽培、阳台栽培是否相同？**

答：'银心'黛粉叶为乳肋黛粉叶的别称，因主脉呈银白色而得名，为大型直立种类。

(1) 温室栽培：栽培容器口径大小的选择应与株型大小相匹配，随植株生长应先小后大，习惯上初上盆时选用口径12～14厘米深筒盆，或相应尺度的软塑钵。批量生产应用软塑钵既经济又方便。用纱网垫孔后，选用人工配制的栽培土上盆，土壤配制参照44问黛粉叶配比方法。上盆后置温室明亮的半阴处，株行间距以叶片互不搭接、互不遮光为度，浇透水后喷水或喷雾洗叶，并保持盆土湿润不积水。恢复生长后，新叶长出2～3片时，开始追液肥，每15～20天1次，应用无机肥时，氮、磷、钾三要素最好配成2：1：1，加水对成浓度3%～4%浇灌。无论有机肥还是无机肥，浇灌时直接浇于盆土表面，切勿淋溅于叶片，一旦溅上应马上喷水洗叶，防止肥点损伤叶片。施肥后3～5天保持盆土偏湿，但不能积水。如选用埋施，应依据容器大小，每盆2～3克。在白天30℃，夜间25℃左右长势良好，习惯上高于25℃时开窗通风。冬季室温最好不低于15℃，低于15℃停止生长，但能耐短时10℃低温，低于10℃有可能产生寒害，一旦因寒害受损，将无法恢复原状，甚至造成死苗。当苗长至5～7片叶时，更换大一号花盆。

(2) 阳台栽培：除北向阳台需具有良好光照、通风良好外，其它朝向阳台均能栽培，但其株型较大时，阳台必须宽敞。家庭环境最好选用花盆不用软塑钵，花盆比软塑钵大方美观。花盆口径大小、形状不必苛求，最好就地取材，有什么盆就用什么盆，但也不宜过小。有栽培土应用栽培土，如无栽培土可用原养花的旧盆土，无旧盆土可选用郊区菜园、果园中土壤，可占50%，市场供应的腐殖土50%，另加腐熟饼肥或膨化粪肥3%～5%，掺拌均匀后充分晾晒，栽植前将土壤收集贮存于阳台下较为阴凉处，待恢复常温后应用。花盆底孔用瓷片、玻璃片垫好后，装土上盆栽植，植株一定要直立栽正并在盆的中心位置，盆土必须压实，使土壤紧密贴于根上。置半阴而明亮场地的接水盘上或沙盘、沙箱上，浇透水后喷水或喷雾洗叶并保持接水盘或沙盘、沙箱潮湿，饱和状态更好。

每天早晨或傍晚浇水，浇水一次浇透，如果盆内表土不干，可次日浇水。发现叶片偏向强光一侧，应及时转盆。随时拔除杂草。生长期间每15～20天追液肥1次，应用无机肥时，三要素氮、磷、钾按3:1:1配比对水成浓度3%～4%浇施，花卉市场供应的小包装叶肥，可按说明施用。气温低于18℃停肥。入秋自然气温晚间低于12℃时，敞开阳台栽培的植株最好移至室内或封闭阳台明亮处，并减少浇水量及次数，摆放位置应远离供热暖气片或冷暖空调的冷热风。供暖前及停止供暖后的两段低温时间段，除控制浇水、喷水外，应加塑料薄膜罩保护，塑料薄膜罩应略宽敞些，以叶片与罩不接触为好，待供暖后或自然气温回升至12℃以上时掀除。冬季最好不要在过于阴暗的场地陈设，以免本来脆弱的植株受到更大伤害。如果栽培场地光照充足，短时间陈设，然后移回是不会出大问题的。室外自然气温稳定于15℃以上时恢复常规栽培。

栽培3～4年应脱盆换土。阳台脱盆换土时间最好在春季，脱盆前先用线绳将叶柄叶片捆好拢好，然后一手托住土表，一手放倒花盆，并使其成为倒立状态，并轻轻拍打花盆或在阳台边、窗台边，上下振动花盆边沿，使土球脱出，去掉部分宿土，剪除无须根及腐烂变色的根系后重新上盆。上盆时如有条件加3～5片蹄角片，或在不接触根系处加一层饼肥则更好，操作工序与上盆相同。

47. '绿玉'黛粉叶、'白玉'黛粉叶栽培方法是否相同？夏季能否在荫棚下栽培？家庭环境怎样栽培？

答：'绿玉'黛粉叶、'白玉'黛粉叶温室栽培方法与家庭栽培方法可参照'银心'黛粉叶栽培养护。荫棚下栽培应设有防雨防风设施，最简单的方法是利用塑料薄膜加遮荫网。移入前，将棚内地面垫平，并做出0.5%左右坡度以利排水，再浇灌一次杀地下害虫的农药，可选用50%辛硫磷乳油1000～1500倍液，或80%敌敌畏乳油1000～1200倍液，如有可能铺一层塑料薄膜则更好。自然气温稳定于15℃以上时出房（移出温室）移至棚下，按南低北高成行摆好，喷水一次同时将场地四周喷湿，增加环境湿度及空气湿度，并保持盆土湿润不积水。自然气温低于12℃时移入温室。其它养护管理同'银心'黛粉叶温室栽培。

室内陈设期间最好摆放在光照明亮场地，保持盆土湿润，土表见干随即浇水，但不能积水，每天喷水洗叶，无条件洗叶，可选用棉织拭布轻拂，切不可用力过度。出现黄叶及时剪除。如陈设于光照过弱场地，应勤更换，移回温室复壮，万不可等大部分叶片失色时再更换。如有条件，在夏季高温也可于晚间移至室外，白天再移回原处。发现长势渐弱也应更换。如有病虫害发生，应移回温室防治，不能在陈设场地喷洒农药，防止意外发生。冬季低温环境，要控制浇水并远离供暖设施。四季厅或明亮大厅、办公室等地，只要光照明亮，可长时间摆放。

48. '六月雪'万年青在温室或阳台上如何栽培？发现叶色暗淡时怎样补救复壮？

答：'六月雪'万年青为'暑白'黛粉叶的别称，为园艺变种，耐阴性差，且耐寒性也不强，喜微酸性土壤，耐盐碱性也弱。

批量生产，苗期选用$12 \times 12 \sim 14 \times 12$（厘米）营养钵，选用纱网垫底孔。栽培土为园土30%、细沙土30%、腐叶土或腐殖土40%，另加腐熟厩肥10%～12%，或腐熟饼肥、或膨化粪肥4%～5%，搅拌均匀后摊开晾晒。上盆后置半阴场地，浇透水并喷水洗叶，保持盆土湿润而不积水。浇用的水如果为中性（pH7.0）或偏碱性（pH7.5以上），在追肥时，每追2～3次后，追1次矾肥水，应用无机肥时，选用稀释500倍液的硫酸亚铁水溶液浇施，以改善土壤pH值，以利铁元素吸收利用，防止叶片黄化，如果有条件，在硫酸亚铁水溶液配好后，用试纸测试，调整至6.2～6.5则更好。追肥每10～15天1次，春秋两季最好在早上，夏季最好在下午，应用无机肥对水成浓度3%～5%。应用硫酸亚铁或矾肥水最好也在下午，铁的游离子在低温环境中要比在高温环境中分解快而多。在室温24～30℃环境中生长良好，但习惯上高于26℃开窗通风，高于30℃增加喷水次数。冬季室温最好不低于18℃，15℃以下停止生长，长时间15℃低温会导致叶片大小不均匀，降低观赏价值，低于12℃有可能受寒害。冬季减少浇水次数，土表不干不浇，浇水最好在上午至中午。大风天气除关闭通风窗外，还需放席压膜，以免室温骤降使植株受到伤害。当植株行间长到叶片相搭接时，应拉开间距，以利通风受光，或脱钵换大盆。阳台环境栽培参照'银心'黛粉叶进行。

陈设时最好摆放于光照明亮、通风较好、距冷热空调出风口较远处，或不受冷热风直吹场地。高温季节保持盆土湿润，不过干、不积水。低温环境控制浇水量，土表不干不浇，浇就一次浇透。经常喷水或用棉质编织物擦拭。发现黄叶及时剪除，发现叶片变暗或黄叶过多以及病虫害时，及时更换，移回温室栽培，移回温室后脱盆检查根系，如无损伤可原土球栽回，如根系发生锈色斑纹或已经腐烂，应除去宿土，剪除已经损伤的根系，蘸或撒一些硫磺粉后重新栽植，仍置半阴场地浇透水，待叶色恢复原色后追肥复壮。如有病斑，应与健康植株隔离防治。待复壮后可继续应用。从经济角度看，对无复壮价值的植株应予以淘汰。

49. 从广东引人的广东万年青如何栽培养护？

答：广东万年青又称竹节万年青，为广东万年青属小型丛生观叶花卉。在本属中相对适应性较强，耐阴性也强，温度适应范围也宽，是栽培较广的种类。

（1）温室栽培：扦插成活的幼苗，选用10×12～13×13（厘米）（高×口径）的软塑钵，或口径12～14厘米的花盆为容器。盆土选用园土50%、细沙土20%、腐叶土或腐殖土30%，另加腐熟厩肥10%～15%，或腐熟饼肥或膨化粪肥5%～8%，拌匀后充分晾晒，或高温消毒灭菌灭虫。也可在分栽时选用8×10～10×10（厘米）小软塑钵，选用素沙或蛭石，根系恢复后带土球脱钵换入上述软塑钵中。上钵时用纱网垫孔，以免根系由钵底孔扎入栽培场地的土壤中，使再次换盆损伤根系，造成或短时停止生长。先填入栽培土1/3左右，一手扶苗，一手用苗铲或直接用手向苗四周填土，随填随压实，至留1～1.5厘米水口，然后再次蹾实，置温室或荫棚下半阴场地，浇透水并喷水洗叶，同时将场地四周喷湿。喷水时水压不要过大，以免将泥土溅于叶片或冲出钵外。场地应排水良好，应有0.5%～1%坡度。当钵或盆中水分饱和后，渗出多余的水分能顺畅地流出场外。在室温20～32℃环境中均能良好生长，习惯上仍为25℃左右开窗通风，高于30℃时增加喷水次数，降低室温。在北方温室内，夏季温度有可能升至38℃，只要通风良好，不会出现伤害。生长期间，空气相对湿度最好不低于40%，短时间25%～30%影响不大。冬季室温最好不低于12℃，能耐短时间8℃低温，在土壤潮湿、长时间12℃以下会引发烂根。应控制浇水量，保持见湿见干，需浇水时一次浇透。生长期间每20天左右追肥1次，应用无机肥时最好按氮、磷、钾三要素2:1:1对水成浓度3%～4%浇灌或0.3%喷施。土壤pH值大于8.5时，可20天左右浇1次矾肥水，代替追液肥，改善土壤pH值，使土壤pH值保持在5.5～7.5之间。单面光照温室，发现叶片追光而偏向一侧时应转盆，保持株冠端正。小苗生长至植株或行间叶片相搭接时，拉开间距，使其通风受光均匀。出现2～3个分蘖即应脱钵换盆，由于根系增多，吸收养分也随之增多，光合总面积增加，需要根系吸收更多的水分、养分，应增施必要的肥力，故在脱钵换盆时应增施基肥数量。在盆孔垫好后，装填栽培土1～2厘米后刮平，撒约厚度0.5～1厘米腐熟饼肥或膨化粪肥，如有条件放3～4片蹄角片则更好，然后再填土至盆高的1/3左右，置入脱钵的植株丛，随填土随压实，并使植株丛呈直立状态，最后蹾实后置遮荫50%左右场地，恢复常规栽培养护。

(2) 荫棚下栽培：苗移出温室前，先平整棚下场地，并做成0.3%～1%坡度，使雨季排水顺畅。浇灌1次杀地下害虫的农药，有条件铺1层塑料薄膜或设花架则更好。如果由小苗开始栽培，应于自然气温不低于15℃时分栽，荫棚应设有防雨防风设施，设施可选用塑料薄膜与遮荫网组合。春季自然气温稳定在15℃以上时，给温室扦插苗加大通风量，1周后移至荫棚下分栽，选择栽培容器、土壤、栽植方法与温室栽培相同。摆放时为易于养护，应横成行、竖成线，南低北高。晴好或高温天气每日喷水1次，保持盆土湿润不积水，不过干。盆或钵如有积水应及时排查原因，及时处理。秋季自然气温低于12℃时，移回温室栽培。其它养护管理参照温室栽培。

(3) 庭院栽培：可放置于紫藤架、葡萄架、瓜棚架或其它攀缘植物架下、浓荫的树下、建筑北侧无阳光直晒场地，或中午无直晒场地，以及天井或无直晒的窗台、台阶等处，总之中午无直晒场地均能栽培。无论放置在何地栽培，均应防止地下害虫由容器底孔钻入栽培土中危害。当自然气温稳定于15℃以上时，移至栽培场地。移出后即行喷水洗叶，此时因长时间在光照不足环境中栽培，不免根受损，生长势减弱，其生命活动脆弱，每天勤喷水少浇水，并中耕松土，盆土见湿见干，不能追肥。待新叶发生，植株复壮时开始追肥，每15～20天1次，应用无机肥以氮肥为主，每10～15天1次。秋季自然气温低于12℃停止追肥，并移回室内光照较好场地越冬。3～4年脱盆换土1次。

(4) 阳台栽培：东西南北四向阳台，只要不受阳光直晒、通风良好，均能良好生长。选用容器口径大小、材质等不必过于强求，家中有哪种盆就用哪种盆，但口径也不能小于12厘米，大口径盆可几丛合栽一盆。有栽培土用栽培土，无栽培土可用旧盆土50%，加市场供应的腐殖土或废菌棒50%，加4%～5%膨化粪肥或腐熟饼肥，或3～5片蹄角片等。上盆后置阳台之窗台上或备好的花架上，浇透水、喷水洗叶，在恢复生长前每天喷水1～2次，每天早晨或傍晚浇水，保持盆内不积水不过干。生长期间每15～20天追液肥1次，应用无机肥每10天左右1次，应用市场供应的小包装肥时按说明施用，但以促叶肥为主。盆土长时间过湿，光照不足、土壤贫瘠，叶片变小、变薄，甚至失去光泽。每5～7天转盆1次。随时拔除杂草。自然气温低于12℃时，敞开阳台栽培的植株移入室内光照较好场地，并远离供暖设施。控制浇水量，不见干不浇，特别是供暖前及停止供暖后两个低温时间段更应如此。冬季浇灌或喷叶用水，应先将水放置于广口容器中，待水温与室温相接近时再应用，使植株减少伤害。冬季自然气温即便高于12℃，喷水洗叶也不能移至室外，以免室温与自然气温温差过大而造成伤害，一旦受害，叶片变黄将无法恢复原状。当室外自然气温稳定于15℃以上时，移至阳台复壮栽培。3～4年脱盆换土1次。

(5) 四季厅栽培：四季厅需光照明亮，冬季有供暖设施。栽植前平整栽植用地，土壤杂质过多或含建筑渣土，适当过筛或换栽培土，翻耕深度不应小于35厘米，并施入腐熟饼肥或膨化粪肥，每平方米3～4千克，再次翻耕均匀，耙平、压实、浇透水，待水渗下后，将下陷部位再次用栽培土找平。浇一遍杀虫、杀菌剂，杀虫剂可选用50%辛硫磷乳油1000～1200倍液，或15%杀虫乳油800～1000倍液，加75%百菌清可湿性粉剂500～600倍液浇灌。2～3天后栽植，栽植时最好带土球。株行距以叶片能相搭接为准。栽植后即行浇透水，并喷水洗叶。缓苗期间偏湿，恢复生长后见湿见干。畦地栽培，水肥易调节，60～90天追肥1次，追肥方法可埋施或点施，可减少异味发生。生长期随时摘除黄叶，拔除杂草，有条件时适当中耕松土。可片植、团植、带植或孤植布置景观。如与其它花卉布景时，应选习性相近的种类，以求易于养护。

50. 银心广东万年青与白脉亮丝草在形态上有哪些不同？怎样栽培才能良好生长？

答：银心广东万年青为白脉亮丝草的别称，又称白肋亮丝草、银肋亮丝草，简称银心万年青，本来就是一个种，形态上当然也没什么不同。白脉亮丝草为广东万年青的变种，栽培方法与广东万年青也没有大的区别，可参照广东万年青栽培即能良好生长。

51. 银柄亮丝草在干燥环境中怎样使其良好生长？在北方如何越冬？

答：银柄亮丝草在干燥环境中，如果温度较高，应及时向叶片及四周喷水，增加空气湿度来改变银柄亮丝草的生活环境，使其正常生长。如果温度较低时，不得低于12℃以下，盆土要保持见湿、见干，太湿会引起叶片发黄以至烂根。在北方温室内越冬时，要减少浇水次数，一般7～10天浇水1次，并停止施肥，即能良好越冬。

52. '银帝'万年青与'银皇后'万年青栽培方法是否相同？阳台条件如何栽培？

答：'银帝'万年青与'银皇后'万年青均为园艺杂交品种，'银帝'万年青又称'银王'亮丝草或'银帝王'。'银皇后'万年青又称'银皇后'亮丝草，简称'银皇后'，两者均为园艺品种，习性差别不大，栽培方法基本相同。在室温20～30℃的情况下，需遮光60%～70%，相对空气湿度50%～70%的环境中长势良好。长时间温度、光照、相对空气湿度不足时，叶色暗淡，先端或叶缘变为枯黄。光照过强，特别是有直晒光照时，会产生灼伤。长时间积水会产生烂根。冬季越冬室温最好不低于18℃，但短时15℃影响不大。其它栽培养护可参照广东万年青。

53. 箭羽万年青如何栽培？在宽敞明亮的客厅中陈设与大厅、四季厅养护方法有哪些不同？

答：箭羽万年青喜较明亮光照，能耐半阴，喜温暖、略潮湿的环境，如果土壤过湿、相对空气湿度过大，反而生长不良。适宜栽植在弱酸性土壤里，pH值控制在5.5～6.5，温度控制在15～28℃才能正常生长。在生长季节经常向叶片及四周喷水，保持叶片清洁及空气湿度。最好隔30天左右施硫酸亚铁溶液500倍液1次，使土壤保持微酸性，需在遮光60%～70%的条件下养护。在大厅摆放时，将其放置在光照明亮处，由于大厅通风较好，土表容易干燥，2～3天浇水1次，并经常用棉织品擦拭叶片。在宽敞明亮的客厅中陈设，既通风光照又好，生长势较强。每天浇水1次，但不能积水。在大厅、四季厅通风良好、光照明亮处，栽培养护应该相同，没什么两样。如果光照较阴暗，空气又不流通，新陈代谢较慢，浇水次数相应减少。总而言之，浇水时在土表微干时浇透水。栽植方法、养护管理除上述情况外，其它部分参照广东万年青。

54. 红叶合果芋与白玉合果芋栽培方法有哪些区别？怎样才能使其良好生长？一旦出现叶色暗淡应如何处理？

答：红叶合果芋与白玉合果芋（又称银叶合果芋），均产在美洲热带雨林光照较好的林荫下。在我国南方暖地树荫下，见有露地栽培及容器栽培，北方则多数盆栽或畦栽布置温室或四季厅，栽培养护基本相同。

（1）温室容器散生栽培：批量生产时可选用12×10～14×12（厘米）软塑钵或口径12～14厘米的深筒花盆。栽培土壤选用园土40%、细沙土30%，腐叶土或腐殖土30%，另加腐熟厩肥8%～10%，应用膨化粪肥或腐熟饼肥为4%～5%，充分晾晒后应用。如地域范围有线虫病、叶斑病、根腐病等病害时，应高温或化学方法消毒灭菌。上盆或上钵前先将栽培场地平整好，做成0.5%～0.8%坡度以利排水。场地内浇50%辛硫磷乳油800～1000倍液，或80%敌百虫800～1000倍液，或80%敌敌畏乳油1000～1200倍液，杀除地下害虫，同时浇灌75%百菌清可湿性粉剂400～500倍液，如温室内有菌类病史，可用灭菌类烟雾剂作一次灭菌。消毒、灭虫、灭菌后，摆放场地铺一层薄膜则更好。上盆时选用沙网垫好盆孔，花盆类也可垫碎瓷片、玻璃片等，防止地下害虫由底孔钻入容器内危害植株根系。填装栽培土至盆高的1/4～1/3位置，刮平压实，一手握苗，一手用苗铲向四周填土，随填随压实至留水口处，水口由土表至盆或钵沿口1.5～2厘米，最后蹾实，苗一定要在盆或钵中心位置，并呈直立状态。如栽植后位置不在中心或歪斜应脱盆重栽。如欲快速成型，也可每钵或盆按三角形栽植3～4株，当伸蔓前即可供应市场。置温室光照较好场地，如果室温较高，且通风良好，可不遮荫，但玻璃温室仍应遮荫。按成行、成排北高南低摆放。浇透水后喷水洗叶，喷水时水压不宜过大，以防盆中泥土溅于叶片。以后保持盆土湿润，不积水、不过干，如盆内有积水，应及时排查原因及时处理。生长期间每20～25天追液肥1次,追肥时勿溅于叶片。在室温18～26℃环境长势良好,室温高于25℃开窗通风,并增加喷水次数。越冬室温最好不低于12℃,12℃以下生长缓慢,叶片大小不整齐,8℃以下很可能受寒害,一旦受害无法恢复原状。小苗伸蔓后行摘心1次,促生分枝,分枝发生后,如果丛苗整齐,即可脱钵换盆,养护10～20天后即可供应市场。

(2) 攀缘棕柱栽培:选用30～40厘米深筒花盆,用纱网垫孔,填栽培土1/4～1/3时将棕柱稳固于盆中心,将7～9株苗用易分解的纸绳、马蔺等均匀紧密地固定于柱上,也可先固定而后栽植,四周填土,随填随压实。置温室明亮、无直射光场地,浇透水并喷水洗叶。株行距以叶片互不搭接为度。小苗恢复生长后,每15～20天追液肥1次,如选用无机肥时,最好将氮、磷、钾三要素以2:1:1配比对水成浓度3%～4%,浇灌也可用尿素或磷酸二氢铵、磷酸二氢钾等,以3%～4%浓度间隔浇施。小苗伸蔓后随时领蔓上棕柱。炎热夏季,室温高于25℃时开窗通风,并增加喷水次数。当株行间叶片相搭接时,拉开间距,转动方向,并随时整理成南低北高的顺序,蔓长长至棕柱的3/4～4/5时,即可供应市场。其它栽培养护参照散生栽培。

(3) 悬垂栽培:苗期选用8×10～10×12(厘米)小软塑钵及人工配制的栽培土上盆,置温室内光照较好场地,浇透水并喷水洗叶,以后保持湿润。小苗恢复生长后每15～20天追肥1次,应用无机肥10～15天1次。当小苗伸蔓后,脱钵换入专用双底垂吊花盆,及人工配制的栽培土,栽植前放置一层2～3厘米厚建筑用陶粒,然后将小软塑钵(营养钵)6～7株裸根苗栽植于盆中,垂吊于温室内,浇透水。生长期间每1～2天喷水浇灌1次,炎热天气每天喷水1～2次。冬季控制浇水及喷水量。室温高于25℃时开窗通风。其它参照散生栽培。

(4) 壁挂垂吊栽培:壁挂式垂吊栽培与悬垂式栽培同属悬垂式栽培范畴,其主要区别在于一个为悬空垂吊,一个为挂在墙壁上;一个是四面观赏,一个是单面或三面观赏。可选用一面有专用带孔或提手的花盆,也可用普通花盆,外套有提梁的篮、筐、箱等装饰挂具。苗期仍选用8×10～10×12(厘米)小软塑钵栽培,待小苗伸蔓20～30厘米时裸根换盆,依据盆口径大小栽植5～7株,置温室预先设置的花架上,不需转盆,待新叶发生后即可供应市场。其它栽培养护与散生栽培相同。

(5) 壁挂造型栽培:按个人爱好或需要的图案及藤长短制作竹木或金属支架,按支架形状铺一层金属或塑料绳编织网作支撑,并将其固定在栽培容器或外罩上。按图案要求,将藤或直立或弯曲绑缚于支架或支撑网上,置温室光照较好场地,浇透水或喷水洗叶。生长期随藤蔓伸长,随引蔓填补空缺的地方。待造型完整丰满时出圃。陈设中也应随生长随整形。其它栽培养护与散生栽培相同。

(6) 阳台攀缘柱栽培:依据阳台高矮及花架大小选定棕柱的高矮,并选用20~38厘米口径深筒花盆,如果有相应尺度旧花盆,刷洗洁净后也可应用,不一定非选用何种形式的花盆,但以素为佳,花纹、色彩较多会喧宾夺主。盆土最好选用人工配制的栽培土,无栽培土时也可应用原来栽培花卉的旧盆土或郊区花圃、果园、菜地等的园土或细沙土,加50%市场供应的腐殖土,拌匀后经充分晾晒或高温蒸煮后应用。用碎瓷片或纱网垫好底孔后,装3~4厘米厚土壤,放3~4片蹄角片或撒一层约0.5厘米左右厚的膨化粪肥,如有条件应用腐熟饼肥则更好。再次填土至盆高的1/3处,将棕柱固定于盆中心,棕柱四周栽植小苗,每盆7~9株,并将小苗每盆用易分解的纸绳、马蔺、麻坯、草绳等紧贴于棕柱上绑缚,勿用塑料绳、金属丝等不易分解的绳索捆绑,以免藤蔓因受限制而影响生长。并将根系散开,再填土至留水口处,水口由土表至盆沿1.5~2厘米,过小,容水量少,一次浇水渗不到底;过大,容土量少,浇水不易掌握,造成不必要的水分流失。并随填土随压实,使土壤与根系紧密接触。置阳台半阴场地,浇透水并喷水洗叶,保持盆土湿润。小苗恢复生长后逐步移至光照充足场地,也可原地栽培。光照强烈的夏季中午适当遮光。光照过强叶色暗淡,过弱银白色变绿,紫红色变淡,叶片变薄变小。

小苗伸蔓后领蔓上柱,并使其垂直分布。每天早晨或傍晚浇水或喷水,最好保持棕柱潮湿,以利气生不定根扎入棕柱中。喷水洗叶后,最好用棉织品将滞留在叶片上的水擦干,防止水垢发生,一旦产生水垢很难清除,有条件用纯净水喷洗则更为理想。生长期间每20天左右追液肥1次,为消除异味可适当加入EM菌液。如应用无机肥时,应当对水成浓度3%~4%浇灌,也可按说明施用市场供应的促叶肥。施用有机肥也可埋施,沿盆壁将盆土掘开深3~5厘米,撒入膨化粪肥或腐熟饼肥0.5~1厘米,然后用原土填埋，施入后应及时浇水。如果先端叶片变小不舒展，而后枯焦，应及时测试盆土pH值，如大于8，应及时追浇矾肥水或硫酸亚铁，以改善土壤酸碱度。每7～10天转盆1次。随时拔除杂草，剪除老黄的叶片。秋季自然气温低于10℃时，敞开式阳台栽培的植株，应移至室内或封闭式阳台光照充足场地，但须远离供暖设施，减少浇水量及次数，保持土表不干不浇，停止追肥。室温高于25℃时开窗通风。供暖前及停止供暖后两段低温时间段，停止喷水，盆土不干不浇。叶片落尘过多时，可用棉织品擦拭。送暖后由于空气干燥可适当喷水洗叶，仍需坚持转盆。室外自然气温稳定于15℃以上时，可移至敞开阳台或封闭阳台栽培。3～4年如脱叶不多，仍有观赏价值时应脱盆换土，脱叶过多则需更新重栽。

　　由花卉市场选购的成型植株，多数是在环境优越的温室中长大的，运回家中应放置在阳台半阴场地，每天喷水2～3次，并设置接水盘或沙盘、沙箱等放置其上，保持盘内有水或沙土潮湿，并保持棕柱潮湿，使其逐步适应新环境。由于环境改变，很可能产生停止生长或老叶变黄，应为自然现象，及时摘除黄叶，加强通风，自会恢复生长，待新叶发生后逐步移至光照充足场地。如在冬季选购，应用纸张包裹后运输，以防受冻害。运回后及时放置于光照充足、远离供暖设施场地，并喷水洗叶，保持棕柱潮湿。无论哪个季节选购运输，运回后切勿追肥，待恢复生长后再行追肥。

　　(7) 四季厅或温室内畦地栽培：四季厅或展览温室内畦地栽培多用于攀缘墙壁、树木、岩石或作植被应用。栽植前选定栽植场地后，用于攀缘的先用砖石砌筑花池，池的各部尺度应按实际情况或设计图而定。花池砌筑后，在池内翻耕用地，土壤内含杂质过多时应过筛或更换栽培土，并施入每平方米腐熟厩肥4～5千克。应用腐熟饼肥或膨化粪肥2～3千克，翻耕深度不小于30厘米，将基肥翻拌均匀，耙平压实后浇灌1次杀虫剂（参照温室容器散生栽培），3～5天后即可栽植。栽植穴深度比根长深2～3厘米，将苗放入栽植穴中，扶直，四周填土，随填随压实，直至与原土面呈水平状态。株距以实际需要而定，通常25～35厘米。栽植后将池内土壤再次找平，灌透水并喷水洗叶，保持土壤湿润不积水，不过干旱。小苗伸蔓后领蔓上墙或上树，使其垂直向上攀缘，此时最好保持墙表或树皮潮湿，以利于气生根攀缘牢固。当新叶发生至4～5片时追肥1次，以后60～75天追肥1次，追肥可选用液肥也可埋施。埋施通常选用沟施方法，即距植株基部30～35厘米处掘沟深15～25厘米，宽10～15厘米，将腐熟饼肥或膨化类肥撒入沟中，厚度0.5厘米左右，然后将土回填，压实刮平，也可将肥料掺拌于掘出的土壤中，掺拌均匀后回填，选用掺拌时可适量增加肥料数量。随株丛增大，掘沟位置应随之外移。浇透水保持土壤偏湿，也就是花谚中说的"肥大水大"，也有人说"肥大水勤，不用问人"两者是一样的道理。夏季室温高于25℃时开窗通风，高于28℃时加大通风量。冬季最好不低于12℃，但能耐短时10℃低温。

合果芋类藤蔓生长到一定长度，多数种类有滋生分蘖的习性。也应伸蔓后领蔓上攀缘物体。经3～5年栽培，主蔓基部脱叶过多时，如分蘖藤蔓能将其掩盖，不影响观赏，可任其生长，如掩盖不上，应将主藤蔓由基部剪除，由分蘖藤蔓代替更新。

55. 大叶合果芋在南方暖地能否室外栽培？北方温室中能否绿屏式栽培？叶片渐小是什么原因？

答：大叶合果芋在南方暖地可露地布景栽培及容器栽培，但昼夜温差较大地区或风雨无常地区，也应适当加以防护，低于10℃也会受到伤害。北方为容器栽培，多数在温室养护。制作绿屏不但大叶合果芋可行，所有天南星科藤蔓能伸较长的种类，以及一些不易脱叶的其它科属藤蔓类植物均能制作。制作时可分为以下几个步骤。

(1) 支架制作：支架可用金属材料或竹木材料制作，通常用于大厅进门之门内绿屏，尺度的大小应依据实际情况而定，通常高度不大于2米，宽度稍大于门，以能屏蔽遮掩的场地为准。用金属材料制作时，选用3×25×25（毫米）～3.5×35×35（毫米）角钢作框，用3×25～3.5×35（毫米）扁钢作拉带，拉带置于长方形间距短的方位拉撑。基部（底脚）焊接横向三角架支撑。框内铺设3×3～5×5（厘米）孔径的金属网。也可选用2.6～3.2毫米金属线上下垂直固定作支撑，并与边框及拉带牢固固定，如有条件添加浮雕或镂空花边，或上框制作成弧形则更为美观大方。如果用30毫米×30毫米木条或竹竿制作也不逊色，总之要求稳重、端庄、大方、牢固为宗旨。

(2)栽植槽制作：可用金属板材或竹木材料、硬塑材料或其它可拼接材料制作，长度最好不超过框架长度，应在边框以内。宽度有两种情况：其一不搭配其它花材，独立栽植合果芋类，单面栽植，栽植槽宽度通常不超过30厘米，高度不小于25厘米，习惯上为30～40厘米，双面栽植不大于40厘米；其二配置其它花卉组合栽培时，单面栽植不小于30厘米，双面栽植不小于40厘米。长于1米的栽植槽，最好加箍。箱板的薄厚以实际需要而定，习惯上应用厚度为1.8～2.5厘米木板制作。长向两侧牢固地固定于边框立柱上。

（3）栽植：育苗期间用10×12～12×13（厘米）小营养钵，将扦插成活的幼苗裸根栽植于小钵中。土壤选用园土40%、细沙土30%、腐叶土或腐殖土30%，另加腐熟厩肥8%～10%，应用腐熟饼肥或膨化粪肥时应为5%左右，拌匀后摊开充分晾晒，晒干为度，如有条件晾晒10～15天则更为理想。栽植前用纱网垫好底孔然后栽植，置温室中半阴场地，浇透水并喷水洗叶，保持钵内土壤含水量偏湿。小苗发生新叶恢复生长时减少浇水，坚持喷水。

伸蔓后开始每15～20天追液肥1次，如应用无机肥时，氮、磷、钾三要素的配比应为3:1:1，再加水对成浓度3%浇灌，间隔应改为10～15天1次，并立杆绑缚使其直立生长。藤蔓伸至1.5米以上时，脱盆带土球栽入绿屏栽植槽。栽植前先向槽内填一层10～15厘米厚建筑用陶粒，陶粒上铺一层纱网，纱网上填栽培土进行栽植。株距20～30厘米。随栽植随领蔓上网或上线，绑缚绳线颜色最好与藤蔓颜色基本一致。置温室光照较好场地，浇透水后喷水洗叶，保持土壤潮湿。恢复生长后仍每15～20天追液肥1次，并随藤蔓的伸长随绑缚。待基本成型时，将其它组合花卉栽植于外侧，组合用花卉最好为常绿种类，以观叶为主，如直立型天南星类、天冬草类、假叶树类、麦冬类或悬垂的鸭跖草类、虎耳草类；如果为增添色彩，最好选用耐阴或半阴花卉，如秋海棠类、君子兰类、玉簪、万年青等。待全部恢复生长后供应市场或陈设。如果急需应用，可在制作支架及栽植槽时，设上下两个栽植槽，即一个在顶部，一个在近底部，上部栽植选用悬垂苗，下部选直立苗，逐渐上下两槽植物先端相搭接。栽植或陈设摆放时，可脱钵也可不脱钵，土表填建筑用白色八厘石或陶粒，其它养护与前者相同。但这种栽培方法，常造成中间叶片较密是其不足。阳台栽培可参照白玉合果芋。

大叶合果芋叶片渐小或变小的原因很多，但多数发生在光照过弱、肥力不足、或土壤干湿不定的情况下。复壮方法为将其逐步移至光照较好而中午不直晒场地，每天早晚浇水或喷水，如果能加接水盘或沙盘、沙箱于盆下，保持盘内有水、沙土潮湿则更好。切勿由阴暗场地一次直接移至光照较强处，防止光照过强产生日灼。加大通风量。追肥宜先淡后浓。新叶发生后即能恢复正常生长，但小叶不能再行恢复。如果发生在冬季，除上述条件外，应保持正常温度，喷浇用水应预先灌入广口容器内，待水温与室温相接近时喷或浇，并在室内进行。保持土壤湿润，不积水，不过干。

56.怎样在温室或阳台上养好白蝴蝶合果芋？

答：白蝴蝶合果芋原产于美洲热带，性喜潮湿高温，柔和光照，能耐半阴，适应性强。温室批量栽培时，多选用10×12～12×13（厘米）小营养钵。阳台栽培应依据造型方式选择花盆或利用刷洗洁净的旧花盆。攀柱多株组合，选用花盆口径不小于30厘米。悬垂式栽培，选双底专用花盆。散生栽培，组合花盆口径不小于16厘米。温室组合时，脱钵换盆时与阳台基本相同，栽培土可选择适合天南星科植物的任何一种栽培土。栽培养护中光照不足，叶片斑纹消失，叶片变小，应移至光照较好场地。造型方式、栽培养护，参照白玉合果芋。

57.箭头合果芋又称墨西哥合果芋对吗？怎样在温室中及阳台上栽培？

答：箭头合果芋原产墨西哥，又称墨西哥合果芋，作别名应该没有什么错误，叫起来大家可能有生疏的感觉。其习性、栽培形式、栽培养护方法与白玉合果芋基本相同，可参照白玉合果芋进行。

58.掌叶合果芋与五指合果芋、长耳合果芋是一个种吗？如何在花圃中及家庭环境栽培？

答：掌叶合果芋、长耳合果芋为五指合果芋的别称，原产牙买加。在生长期间，最好保持相对空气湿度在50%～80%，室温15～28℃，高于25℃开窗通风，否则叶节会变长，叶片大小、薄厚不均匀。保持土壤湿润，不宜过干。温室内，除夏季光照强烈时适当遮荫，在光线较明亮处或阳台上均能良好生长。栽培土壤、形式、方法参照白玉合果芋进行。

59. 翠玉合果芋怎样栽培才能良好生长？

答：翠玉合果芋在众多合果芋中属耐寒性较强的种类，在光照较好、保温性能较强的温室或居室中，或封闭阳台上能耐短时7℃低温，在上述环境下，室温不低于10℃即可越冬。由于易生不定气生根，较其它合果芋种类在15～28℃环境中长势快，同时也健壮。为保持叶底色为绿色，具有白色斑纹，应保持较明亮光照。追肥时应多施磷钾肥，少施氮肥，使用氮肥过多或过少会引发斑纹消失。栽培土壤加入的基肥，最好选用腐熟厩肥或膨化粪肥。栽培方式、方法、养护管理同白玉合果芋。

60. 用深井水通过水塔后的自动喷淋设备，喷洒叶片，叶片下出现大量暗白色污点，是什么原因？怎样才能防止这样的现象发生？

答：深井水中含有一定量的无机盐类矿物质，喷淋于叶片或地面后，地面的矿物质与水中的矿物质相加后溅于叶背，水集成珠状，积累到一定量才能再滴回地表，一些无机盐类滞留于叶背，故产生白色或灰白色污点。实际上叶背、叶面均会产生这种污渍，很难再擦洗洁净。用这种水喷淋花卉，应增加市场供应的过滤设施，改良水质后应用，就不会有此遗憾了。

61. 用深井水直接浇灌或贮于水池中浇灌，对花卉有哪些影响？

答：深井水通常在恒温环境中流动，温度较低，由于不接触或很少接触空气，水温也基本为恒定的。如果直接由地下抽出后即行浇灌，植株受到冷水刺激，在短时间内停止生长，但不会受到大的伤害。贮于水池中晾晒一段时间，由于接触自然气温及阳光辐射热的自然吸收，水温上升，水中营养元素受升温及接触空气影响逐步分解。用这种水浇灌花卉应该是较好的水。

62. 用经处理后的污水，即中水浇花是否可行？

答：经污水处理场净化处理过的中水浇灌绿地苗木，应该不会产生大的问题。应用于浇灌天南星科花卉应测试酸碱度，如果pH值高于7.5，可选用硫酸水溶液调整；如小于6.5，可选用草木灰或石灰液调整，使其pH值达到6.5～7.5。处理过的中水，如有条件再次灌入池或其它容器中，充分晾晒，使乙烷类或其它对植物有害的物质充分挥发掉再浇灌则更好。

63. 腐叶土是由树叶堆沤而成，这是众所周知的。那么用喝剩的茶叶及茶水同时倒入花盆内不是一举两得吗？花友说这种方法对花卉有百害而无益，有科学依据吗？

答：养花的人经常将喝剩的茶叶及茶水，同时倒入盆内来浇花，以为这样可以给花卉补充养分，使花卉茁壮成长，其实这种方法对花卉有百害而无益。茶叶中含有许多生物碱，如咖啡碱、茶碱等，它可以使土壤碱性化，对酸性花卉并没有什么好处，对土壤中有机养分的吸收影响较大，不利于花卉生长。另外茶叶覆盖土壤表面，影响花卉根系的呼吸。茶叶吸水发霉腐烂，会产生大量有害气体并散发异味，还易藏匿病菌、害虫。

64. 洗菜水能否用来浇盆花？为什么？

答：多数业余花卉栽培爱好者用洗菜水、洗水果水浇灌花卉，应该是一种节约用水的小措施，用于浇花也不会产生问题。但应注意几点，即加有洗涤剂的水、蔬菜或水果上有病虫害的清洗水应弃之不用。有些小的农贸市场或自繁自养的蔬菜，供应市场的蔬菜确实不喷洒农药，这些蔬菜往往带有极少量的蚜虫、潜叶蛾、白粉虱等幼虫或成虫，洗菜时肯定会混于水中，浇入盆花中仍有繁殖危害的可能，这种水最好也是弃之不用。还有一种情况，即果蔬菜类，如：葫芦科蔬菜、辣椒类蔬菜、豆类等蔬菜，种子已经成熟或半成熟，这些种子一旦随水浇灌于盆中，很快会发芽生长，夺取土壤中养分，故水在浇灌前应将其捞出弃之后再用。如果是带根带泥土的蔬菜，应先摘净后洗涮，以防土壤中带有根结线虫病混入盆花土壤，危害花卉。

65. 淘米水、米汤、面汤能否直接浇花？有害还是有益？为什么？

答：淘米水、米汤、面汤中含有花卉所需要的养分，但不能直接用其浇花。直接浇灌对花卉生长有害，汤中残渣发酵时会产生大量的热能，从而灼伤花卉部分根系，影响花卉的正常吸收功能，严重时导致花卉全株死亡。另外在发酵过程中还会产生异味，容易引起病虫害发生，既污染环境又影响花卉生长。应经过充分发酵腐熟后浇灌，养分才得以被根系吸收利用。

66. 请问用沙土栽培合果芋类，如何施用无机肥？

答：无机肥肥分单纯，肥效快而暴，但不持久。用尿素与氯化钾配成浓度为3%～4%的水溶液，10～15天施1次。施肥前一天要松土，让沙土适当干燥些，以便肥分充分被花卉吸收。在追肥不足时也可以叶面施肥，施肥溶液浓度在0.1%～0.2%为适宜。

67. 怎样在花卉市场挑选攀缘棕柱的天南星科花卉？

答：在花卉市场挑选时，要挑选叶色明亮、有光泽、没有黄叶枯尖及病斑的植株。攀缘棕柱天南星科植物的茎尖，距棕柱顶部约差20～30厘米为宜。叶柄挺拔，叶片不萎蔫为好。整体长势旺盛，没有徒长条。搬动时无漏土或漏泥，棕柱无损伤，藤蔓与叶片分布均匀，四面叶片基本等长。最后翻看一下盆底排水孔，盆底无须根伸出或有极少量根系伸出为好。

68. 怎样在花卉市场挑选丛生的天南星科花卉？

答：在花卉市场挑选丛生的天南科花卉时，要挑选枝叶端正，中心叶垂直于花盆中央，四散叶整齐，不偏不歪，清洁光亮，叶柄挺拔，叶片匀称，叶色明亮有光泽，无黄叶，不萎蔫。具有气囊叶柄的种类，气囊大小、长短基本均匀，叶片无病斑，无病虫害的植株。花卉株型较丰满，盆底排水孔无须根伸出或极少量根系伸出为好。

69. 花卉市场有很多水培天南星类花卉，选购回来怎样栽培养护才能良好生长？

答：前边在42问中已经介绍过水培营养液配方。配方适用于批量生产营养液，对花卉爱好者自制营养液较为困难。目前市场供应的瓶装营养液，由于酸根不同种类较杂，故于选购天南星科水培花卉时，最好在供应商处同时选购同种营养液。运回后置光照明亮而不直晒处，每1～2天喷水洗叶或用棉织品蘸水擦拭叶片，擦拭宜轻不宜重，勿使叶片受人为机械损伤。容器中的营养液随植株吸收利用及自然蒸发，会逐步减少，前期可适量加入清水，60～80天后适量加入选购来的同种营养液。再次被植株吸收利用及蒸发后，仍可对清水。当植株长势渐弱或停止生长时，应更换新营养液，最好不再补充原营养液，因瓶中营养液的营养元素有的种类消耗殆尽，有的消耗很少，如继续填加，会使某种营养元素过量增加而抑制植株正常生长。水培的植物最好比在土壤栽培的植株室温稍高1～2℃。栽培养护中如果出现瓶中营养液变成混浊或根系出现褐色腐烂状时，应及时更换营养液，并取出植株将褐色部分切除，否则会使腐烂部位加大、植株停止生长、全株枯死。

70. 选购的'白蝴蝶'柱摆放在客厅，茎节越长越长，叶片越长越稀、越薄，是什么原因？怎样才能良好生长？

答：出现这种现象原因很多，但主要为光照过弱、盆土过湿。摆放陈设任何天南星科花卉，均应有3株以上备用，摆放一段时间后及时更换，将摆放过的植株运回温室或光照明亮的阳台作复壮栽培。摆放期间，视摆放位置的光照及通风情况，确定摆放时间长短，如光照明亮，通风良好，植株能正常生长，可长时间摆放下去；如出现茎节变长，叶片变薄变小，叶色失去光泽，应15～20天即行更换；如光照不足或通风不良，应10天左右即行更换。另外在通风光照较好的室内摆放，土表稍干时即行浇水，浇水就一次浇透，2～3天喷水浇叶1次。如摆放于光照不足、通风又差的地方，应不干不浇。叶片有落尘时用棉织品擦拭，最好不选用喷水浇叶方法。

71. 去年秋季由花卉市场购买的绿萝柱，冬天放在客厅，春天移至阳台，不但茎部叶片干枯，露出棕柱，叶片也逐渐变薄，是否是一冬未追肥的原因？

答：由花卉市场选购的绿萝柱，大多数为温室栽培苗或由南方经长途运输过来的成型植株，这种植株在光照、温度、湿度、通风优越的环境中栽培成长，运输至客厅后，由于环境的改变，首先停止生长，如果客厅光照、通风等良好，通过一段适应还能良好生长，如果光照过弱，通风不良，加之浇水过多，植株对新的环境不能适应，势必造成老叶先黄而后枯干脱落。故选购运回后，先摆在室内或封闭阳台光照充足场地，每天向叶片喷水，如室温高于25℃时，应开窗通风，待其适应新环境后再移至客厅，但摆放时间不宜过长，通常7～10天仍移回阳光充足处栽培养护，养护一段时间待恢复生长时再次摆放，即可减少老叶枯黄、脱落。冬季老叶枯黄脱落与追肥无关，通常盆土中施入的肥料及自身贮存的养分足够越冬之用，冬季应停止追肥，但应保持室温不低于12℃。

72. 朋友在春节前送给我的'银皇后'万年青，摆放在室内窗台边的花架上，不到1个月，叶片逐渐干枯，目前叶片已经寥寥无几。摆好后每日晚间喷水1次，只喷叶片，盆土从未过干，是否与未追肥有关？

答：'银皇后'万年青叶片枯黄的原因很多，但主要原因应该为环境的突然改变所致。前面曾讲过，市场供应的容器栽培苗，绝大部分为在环境优越的温室中栽培成长或由南方经长途运输来的成型植株，这类苗均在最适气温、湿度、通风、光照下长成，一旦更换环境，养护管理又跟不上，所以产生叶片枯干脱落。朋友选购时间又是冬季，需经由栽培场地运至花卉市场，又由花卉市场运至家中两个运输阶段，这两个阶段如保护不当，很可能受轻微寒害。再者，由栽培的园艺场运至花卉市场，在花卉市场养护阶段已经过了一个环境改变时期，在花卉市场中对环境尚未适应，又运至摆放场地，也等于两个适应阶段，在生理上造成在不适应环境下又到另一个更不适应的环境。南方长途运输使这种不适应增加更多。如果给您送花卉的朋友是花卉栽培爱好者，在自己家中由小苗开始栽培，成型后送给您，这种不适应的情况发生的可能性会少得多。花卉市场选购的'银皇后'万年青运回家中或办公室，在运输中一定要包装防寒，摆放后不急于浇水，盆下放接水盘，向盘内注水，有条件时将室内加湿器打开，待土表稍干时浇水，以后保持稍湿润，每天向叶片喷水2～3次，20～30天后改为每天喷水1次。室温最好保持15℃以上，低于15℃保持盆土偏干，25℃以上开窗通风，即能减少或防止叶片干枯。冬季应停止追肥，叶片枯干与追肥无关。

73. 家庭摆放的'红宝石'喜林芋，夏天在东向阳台养护长势健壮，秋季移入室内客厅，下部叶片干枯，目前有40厘米左右没叶。冬季怎样养护才能不枯叶？

答：'红宝石'喜林芋，秋季移入室内客厅，下部叶片干枯，是由于室内光照不足、通风不良、空气干燥所引起的。秋季将'红宝石'喜林芋移入室内，此季节温度不稳定，气温忽高忽低，室内又比较干燥，加之光照过弱，老叶先衰，易造成叶片干枯。在室内养护时，温度高时及时通风，保持室内温度不低于15℃即可，经常擦洗叶片，可增加空气湿度，使植株在室内有一个过渡适应期，待植物适应室内环境时，即可以正常生长。另外，其叶片有一定生命期，老叶老化后产生枯黄脱落是自然现象，应重新繁殖更新。这种情况多发生于成型植株，苗期很少发生。

74. 冬季引入多种观叶花卉，同在一栋温室栽培，室温夜间18℃左右，白天高于28℃，开窗通风，长势健壮。4月中旬发现有些种类上部叶片出现褐黄色大斑块，有人说是叶斑病，有人说是日灼病，也有人说夜间温度高，白天放风被风吹坏。到底谁说的正确？能否复壮？怎样栽培才能防止这种现象出现？

答：原因很简单，即光照强度过强所引起的日灼病。这种损伤在玻璃温室中相对比在塑料薄膜棚中要严重。防止的惟一办法为按时遮光，遮去自然光50%～60%，即不会产生这种遗憾了。遮光后仍按常规养护即能复壮，但已经受害的叶片目前尚无恢复的办法。

75. 由花卉市场选购摆放在大厅的'斑马'万年青，只过了十几天就发现下部黄叶，十几棵症状均相同，是什么原因？怎样养护才能防止黄叶发生？

答：摆放在大厅的'斑马'万年青下部叶片发黄，是由于空气湿度不足所引起的。'斑马'万年青原栽培场地及花卉市场养护时，空气湿度较大，能达到80%以上，摆放在大厅内空气比较干燥，空气湿度在20%～30%，生长环境发生改变。可用喷雾器一天多次喷雾，或者用棉织品或湿海绵多次擦洗叶片，来保持适宜的空气湿度。以后逐渐减少喷雾和擦拭次数，最少1天1次，待适应大厅新环境后，就可以正常生长了。浇水过多盆土过湿，'斑马'万年青根系腐烂，室温过低或过高，通风不良会导致叶片发黄。

76. 阳台护栏内栽培的小型攀缘棕柱的心叶黄金葛，因叶片追光，大多数叶片偏向光照强的一侧，造成背面露出半个棕柱。有无办法补救？怎样才能使其不产生这种现象？

答：在单面光照环境中，不但心叶黄金葛叶片追光偏一侧，所有在这种环境中栽培的花卉均会产生这种现象。防止这种现象发生的惟一解决办法为转盆。长势较快的种类每3～5天转1次，长势较慢的7～10天转1次。心叶黄金葛属长势较快的观叶花卉，栽培养护期间最好3～5天转盆1次，即不会产生这种现象了。补救方法应180°转盆，仍按常规栽培养护，其叶柄仍能复原，待复原后，改为常规转盆。这种现象冬季更容易发生，故冬季仍应继续转盆。转盆工序虽然很简单，但不容忽视。

77. 栽培多年的春羽，目前株冠已达1.5米，夏天摆放在北侧平台上，很有气势，但入冬移入室内时，已经无空间摆放。花友建议我将其捆绑后养护，是否可行？内部叶片会不会受到损伤？

答：可以将其叶柄部分捆绑后养护，但叶片不能捆绑。捆绑时不要绑得过紧。冬季室温不是太高，生长较为缓慢，不会影响新生出的叶片生长。如生长的高度高于捆绑绳索时，可以将内部叶片舒展到捆绑绳索外面，使其继续生长。

78. 悬吊在阳台上的绿萝藤长已有1米多，基部叶片大部分枯落，失去观赏价值，有什么办法补救？

答：用短截的方法，于近基部留4～5个潜伏芽，将以上部分剪除，使剪口下的腋芽萌发新的枝条，这样做可以使悬吊绿萝枝条繁密，株型美观，提高观赏价值。在养护时适当遮荫，在盆土表面尚在微潮时浇透水，浇水不要太勤，但要保持土壤湿润。因绿萝藤修剪后没有叶片，光合作用、蒸腾作用减少，呼吸减少，吸收水分也相应减少，新陈代谢较慢，如长时间土壤过湿，易产生烂根。待藤长2～3片叶后开始施液肥，每15天左右1次，即可正常生长。修剪下来的枝条按每3～4个芽一段作扦插插穗。

79. 四季厅二楼走道边栏杆外设有花卉栽植槽，要求栽植下垂常绿观叶花卉，并配植应时花卉。能否选择绿萝布置？直接栽植于栽植槽好还是盆栽后摆入栽植槽内好？怎样栽植养护才能有较好的观赏效果？

答：选用悬垂式绿萝布置外层应该是较好的选择。直接栽植于栽植槽内或选用容器栽培应因地制宜，两者各有千秋。

(1) 直接栽植栽培养护：栽植实际也是容器栽培苗脱盆后带土球栽植于栽植槽内。由于土壤总体积大，水分养易调解，植株长势较好，但不便于更换，应为其不足。栽植前应检查排水口有无网篦，是否畅通，如网篦孔目过大，应设一层孔目较小的纱网，防止土壤渗漏，堵塞排水设施。铺好后放置一层建筑用陶粒，厚度8～15厘米，再铺一层纱网。纱网应选用塑料制品或能防锈的金属网，网上填装轻质栽培土，可用园土及腐叶土或腐殖土各50%拌均匀后栽植，然后浇透水。栽植苗的藤蔓长度不求长短一致，但求参差有序，给人以潇洒飘逸、顺畅自然的感受，长短过于整齐，反而显得呆板，株距应为20～30厘米。经过一段时间生长后，很可能出现基部老叶枯黄脱落，可于株间栽植小苗遮掩落叶的藤蔓。养护中土表见干即浇透水。由于栽植槽及植株在天井处无条件喷水或喷雾，浇水一定要透。叶片渐小时可追无机液肥，可应用磷酸二铵或尿素与磷酸二氢钾，按浓度3%～4%对水交替浇灌，必需直接浇于花槽土表，切勿溅于叶片。冬季气温或室温过于低时保持偏干。

应时花卉配植：应时花卉通常应用时间短，只在花期时配植，最好不选用脱盆栽植，而选用连同花盆埋设于栽植槽中，以使随时更换。

(2) 容器摆放栽培养护：将植株带容器直接放置于栽植槽内，移动方便、便于更换，更便于取出清洗叶片尘污，如果不要求掩盖容器，养护管理更为便捷。如要求覆盖，可选用建筑用陶粒或白云石八厘砂覆掩。养护管理与直接栽植相同。

---

80. 春季邮寄来的‘白玉’合果芋、‘红宝石’喜林芋、‘银心’广东万年青、小龟背竹等十余种裸根观叶花卉，怎样栽培养护才能成活？

答：将裸根观叶植物3～4株均匀地组合栽植在一个容器内。最好选用草炭土加一些粗沙的培养土，这样培养土既保湿又利水。浇水头一次要浇透水，以后每隔2天左右浇水1次。盆栽植株最好放在温室养护，如无温室，在家庭阳台养护，可以用塑料薄膜或塑料袋将植株套上，保持空气湿度，防止黄叶。在温室养护时，温度保持15～26℃，经常向叶片及四周喷水，保持较高的空气湿度。待植株长出1片叶片时，即可追施肥料正常养护。

邮寄的天南星科观叶花卉小苗，收到后及时开箱放风。其栽植养护方法及选择容器因环境不同而稍有差异。

(1) 简易温室栽植：小苗未邮到前，将温室半阴场地平整好，并铺一层苇帘或草帘等物，并用清水喷湿，如有困难时也可将场地平整压实后喷湿。邮到开箱后及时取出，按种或品种分开堆放在潮湿苇帘等上或地面上，再次喷水。为经济及少占场地，可选用10×12～12×12（厘米）口径小营养钵，选用常规栽培土每钵1株栽植，待新叶发生2～3片时脱钵换入大盆。花盆口径大小应依据株型大小、高矮谐调为准。直立类型的每盆1～3株；攀缘于棕柱上的每盆5～7株（只为参考数字，苗大少栽植，苗小多栽植）。栽植按种或品种的习性分别养护。如果邮寄包装合理，运输各环节正确，成活率应在90%以上。如数量较大，可先行假植喷水养护，成活率不会有大的影响。

(2) 庭院容器栽植：开箱后及栽植后置预先搭建的小荫棚下，小荫棚应设有防风、防雨、遮荫设施。栽培容器形式不必强求，家中有哪种容器就用哪种，但不宜过大。浇透水，喷水洗叶前期每天3～4次，7～10天后逐步减少，每天1～2次，换盆后每天1次，成活率也不会很低。其它同简易温室栽植。

(3) 阳台容器栽植：邮寄前先备好临时塑料薄膜保护箱或罩，邮到后开箱取出后放置于箱内潮湿的沙土上，喷水复苏。用常规栽培土，栽植容器可选用小盆或小钵，栽植后置于保护箱内或罩塑料薄膜罩，盆下应设接水盘或沙箱、沙盘等，喷水养护，成活时间及成活率基本与简易温室相同。其它养护参考简易温室养护。

81. 农场位于边疆省份，气候干燥，日照时间长，在简易小温棚内如何栽培天南星科花卉？

答：将天南星科类植物上盆后摆放在小温室内，用遮荫网或苇帘遮荫。高温干旱天气，浇水次数约1～2天1次，经常向叶片、棕柱上及植株四周附近喷水，保持空气湿度在60%～80%之间，15天左右追液肥1次。温度保持在15～27℃之间，越冬温度应不得低于13℃。室温25℃以上时开窗通风。天南星科大多数种类对光照时间长短不敏感，不会受大的影响。

82. 市场上有许多种小包装养花肥，盆栽棕柱类长心叶喜林芋、龟背竹等选用哪种最好？

答：花卉市场的小包装肥种类虽然很多，但可以归纳为两大类：即有机肥及无机肥。有机肥类如膨化粪肥、饼肥、蹄角片这类肥料，既可应用于基肥，又可溶于水中，经发酵腐熟后作为追肥。另一种为无机肥，也就是我们常说的化肥，市场供应的无机肥多为复合后的多元素肥料。花商又将这两种肥料分为促叶肥及促花肥。也有较为单一元素的，如硫酸亚铁、硼酸、硫酸锌等，多用于追肥。天南星科观叶植物以观叶为主，又喜微酸性土壤，基肥可任意选择，但追肥多用促叶肥，如果pH值大于8，可浇硫酸亚铁或矾肥水调整，硫酸亚铁可埋施，也可溶于水中后浇施。原则上应该缺什么补什么，通常促叶肥中特别是营养液，均含有多种植物生长发育所需要的元素，基本不必再添加其它元素即能良好生长。

83. 有些书刊上刊载一种称农家肥的肥料，是什么肥料？有哪些种？怎样应用于万年青及黛粉叶类花卉？

答：农家肥是有机肥料，可分为植物性有机肥和动物性有机肥两种。植物性有机肥包括树叶、杂草、树根、饼肥、火炕坯、草木炭、中草药残渣等，但最后3种为碱性，大多选用前4种。动物有机肥包括：动物蹄角、骨粉、人粪尿、畜禽粪、动物羽毛和鱼、蛋、肉类的废弃物等。这两种肥料养分较全面，肥效较久，应用前必须经过发酵腐熟后无异味方可应用。畜禽的粪尿经发酵腐熟后可拌入培养土中作基肥，或与无机物搅拌均匀后，垫在盆底，让肥分逐渐分解释放，被植株吸收。或将发酵腐熟的麻酱渣子均匀地撒在土表面，用铁丝做的挠子，将肥料与表土混合，防止肥料糊着表土，影响植物根系呼吸。待浇水后慢慢溶解渗入土中被植物吸收。撒肥量不要太多，这是一种古老传统的方法，但直接施入土壤后，仍会有未充分腐熟部分产生有害气体损伤叶片，最好不用。还可以用肥缸浸泡麻酱渣子和硫酸亚铁的水溶液（即矾肥水），经2个月浸泡即可使用，使用时将肥液加水稀释后浇到盆里，比例约为20：1。马蹄片含氮磷钾，还含有其它元素，一般作基肥使用或与矾肥水浸泡使用。

84. 单位会议厅有100多平方米，室内光照良好，圆圈会议桌中心摆放4株箭羽万年青。怎样养护？摆放多长时间后需移回花房复壮养护？

答：浇水时间约每2～3天土表稍干时浇水一次，并经常用棉布或海绵擦洗叶片，既保持叶片清洁，又可增加空气湿度。还需要隔10天左右转盆一次，叶片追光朝一个方向生长，影响植株的形态和观赏价值。摆放约30～40天，移回花房复壮，因在室内摆放空气湿度不足，不通风，缺施肥管理，植株生长势渐弱及引起枝条、叶片徒长，叶片较瘦小，叶色暗淡，所以摆放一段时间后需移回温室复壮养护。

85. 喜林芋类在摆放期间能否追肥？怎样浇水？

答：喜林芋类在摆放期间一般情况下不追肥，如果缺肥，在温度、光照、空气湿度、通风等条件适宜时可以追肥，但施用肥料以无机肥为主。如施有机肥，会产生异味而且不卫生，且易引起病虫害发生。施无机肥需要含氮、磷、钾元素较多的肥料，如尿素、磷酸二铵、磷酸二氢钾、硫酸钾等。施用时溶液浓度不要太高，一般施用浓度在3%～4%，大约20天左右1次，也可叶面喷施，施用浓度尿素在0.3%～0.4%，浓度过高，会造成肥害。

86. 化学试验室楼道光照明亮，摆放的'天鹅绒'十余天即产生萎蔫腐烂，是什么原因？如何补救？

答：化学试验室内是做各种化学试验的场地，应用的各种化学试剂免不了散发于空气中，这些气体或元素在空气中达到一定浓度、超过植物所能承受的极限或阻碍其呼吸作用时，叶片因中毒或窒息而萎蔫干枯，如果体内含水分过多或土壤过湿，继而产生腐烂。补救的方法只有加大通风量，降低有害空气浓度或减短摆放时间，每2～3天更换1次可减少损害。

87. 工作在北部边陲小镇，冬季自然气温最低−30℃，夏季凉爽，有大量草炭土、黑土、沼泽泥。回南方探家时带回几种万年青类花卉，用小木箱栽植，目前还不冷，置于树荫下，已经开始生长。请问冬季在室内如何栽培？

答：冬季放在室内栽培万年青类花卉，首先要保持室内温度夜间在15℃以上，白天温度在25℃左右，最低温度不能低于10℃，否则易受寒害。有的个别品种，如黛粉叶类万年青，夜间温度不能低于15℃，13℃处于生长停滞状态，能耐短时12℃低温。浇水约3～5天1次，也可根据天气变化，如晴天室内温度较高，2天左右浇水1次，如长时间阴天，10～15天浇水1次，总之只要盆土在稍干时浇水，不可土壤长时间过湿，否则会引起烂根。在晴天中午用棉布或海绵蘸湿，擦洗叶片保持叶片清洁。在花盆附近放一盆温水，来增加空气湿度。停止施肥。

88. 家住华北平原，春节在大城市选购两盆叫战神的花卉，用塑料布及报纸包扎好后，乘火车换汽车运回家，到家后叶片萎蔫枯干，目前只剩几片叶，是什么原因？怎样救活？

答：战神喜林芋在10℃以下低温时间过长，即可能产生寒害，在空气潮湿、盆土湿度大情况下更易发生。如欲冬季运输，应在装运前用包装纸严密包裹，其方法为先将叶片用纸垫好后将其在纸外轻轻捆拢，并边捆拢边整理叶片使之不受折压，捆绑好后连同花盆同时包裹第二层包装纸，接口处相互错开，如果包装纸为牛皮纸需3～4层，旧报纸5～6层，再次捆绑牢固，可抵御5～7℃低温。运回后先置室内温度较低、光照充足场地，使其根系恢复吸收水分功能，此时如果盆土过干，只能向叶片喷水，不浇水，一旦土壤过湿，根系不能呼吸，其损失将无可挽回。体内水分流动后再移至高温室内养护。如果运回后直接在高温干燥的室内除去包裹物，根系因寒冷，尚未恢复吸收水分功能，叶片内水分在干燥高温环境下大量蒸发，即会造成叶片萎蔫后枯干，将无法恢复原状。移入高温室内光照充足场地后，仍应坚持多向叶面喷水，少浇水，土表不干不浇水。恢复生长后转入常规养护。

89. 出差从南方带回五指合果芋小苗，在6楼阳台如何栽培？

答：将小苗栽植在瓦盆内，因瓦盆通透性较好，利于小苗生长。选用常规栽培土栽植，置阳台半阴场地浇透水，忌阳光直晒。如有条件可搭遮荫网遮荫，或放在植株较大花卉的下面。夏季浇水在早晨或傍晚进行，1天1次，保持土壤湿润即可，不要使土壤过于干燥，小苗根系不太发达，根系少较弱小，如土壤过于干燥，根系受到伤害影响正常生长。在小苗长出2片新叶后追施液肥，以后每15天左右施肥1次。并经常用喷雾器向叶片及四周环境喷水，保持叶片清洁，增加空气湿度。冬季停肥，减少浇水次数，保持土壤微干。冬季生长慢，通风、光照、温度相对较差，盆土长时间过湿会产生烂根。

90. 阳台环境怎样栽培春节由南方邮寄来的星点藤小苗？

答：由南方邮寄天南星科观叶花卉的季节最好在春季，在北方春节仍属冰天雪地的冬季，很有可能在路途上发生寒害甚至冻害，一旦受害程度较大很难成活。如果未受寒害或冻害，开箱后取出小苗，放置于盆等容器中，并向小苗喷水保持体内水分不外溢，不被干燥空气蒸发。有什么栽培容器就用什么栽培容器，基质选用细沙土、建筑沙或蛭石等无肥壤土。邮寄来时保护根部的包裹物需解除，如果为稻草或塑料薄膜包裹应弃之，如果为苔藓类包裹，解下后仍置于盆中，垫于根部底部或四周。栽植后置室内或封闭阳台光照较好处，浇透水保持土壤不过干，再用透明容器或塑料薄膜罩罩好，罩内壁如有水珠，为水分蒸发正常现象，水珠减少或消失时应掀开向叶片喷水。室温应不低于12℃，如能保持15℃以上则更好。如有空闲水族箱，栽植放在水族箱内，用玻璃或其它透明物覆盖，恢复生长会更快。翌春自然气温稳定于15℃以上时，逐步加大通风量，使其适应自然环境，最后掀除，7～10天后脱盆，用栽培土按需要造型换盆栽植，转入常规栽培。

91. 家住北方，何时邮购黛粉叶、'斑叶'万年青、'银叶'合果芋、墨西哥蔓绿绒、美丽蔓绿绒等幼苗好？邮到后如何栽植养护？

答：由南方邮购小苗最好在春季自然气温12～18℃时，温度低易受寒害、冻害；温度过高，通风不良环境中易产生腐烂。春季自然气温逐步升高，小苗异地移植后相对适应新环境快，如果有温室条件或能人为制造良好适宜环境，秋季邮寄也未偿不可。秋季气温变化较大，温度过高或过低，均应设保护设施。小苗接到后及时开箱通风，由箱中取出后喷水增加湿度，并准备上盆，直接选用常规栽培土。种类较多，甚习性也有差别，苗期可放在半阴处并用塑料薄膜保护罩。恢复生长后按各自习性栽培养护。

92. 我是一名花卉栽培爱好者，自幼喜欢养花，每年夏季均扦插一些万年青、合果芋、绿萝等小苗，送给街坊四邻。前年去大城市买家电之余到花卉市场参观学习，见有上述花卉用玻璃瓶水养。回来后将插穗泡在瓶子中，灌满水，几次均未成活，今年又接着试养，灌少量水，结果有近1/3生根，分瓶后前段时间长势还算好，3个月后，开始烂根，最后枯干死亡，是什么原因？是否市场上出售的水养苗也如此？

答：容器水培属无土栽培范畴，扦插繁殖能否成活及成活率高低，除水的成分外，应有空气参加才能保证生根率。失败的原因就是容器中灌水过满，空气含量不足所致。分瓶后进入栽培阶段，此时与繁殖最大差异为繁殖期只为生根，而栽培期应考虑生长发育，生长发育除通风、光照、温度外，尚需供应其生长发育所需要的养分，这些养分除来自空气外必需加于水中，即我们常说的营养液。营养液可在大型花卉市场选购以观叶为主的产品，按其说明应用，并按其习性养护就不会产生这种遗憾了。至于市场上出售的水培苗是否为营养液还是清水，目前鱼龙混杂很难确定。购营养液应在大型花卉市场，有信誉的商家店铺选购。添加或更换营养液参照前面提过的天南星科观叶花卉。

93. 家住南方暖地，雨水充沛，除10月份外，几乎隔几天就或大或小地下雨一次，盆花很少浇水。因经常出差，将一些蔓生的绿萝、红宝石喜林芋、斑叶合果芋等带盆放在竹林旁边，发现这些花卉藤蔓落地后，自己能生根长进土里。能否将其在1～2片叶地方剪下另行栽植？

答：天南星科藤蔓观叶花卉绝大部分在茎节处发生气生根，这种气生根一经埋入土壤即能变成正常根。在竹林下，气生根落地后会产生很多小侧根或分支根，通常横向生长。掘苗先在藤蔓后边留2～3厘米处切断，然后掘苗，带少量宿土或裸根上盆，上盆后仍置原处。阴雨天可不浇水，干旱天气应浇一次水后保持盆土湿润，即能良好成活，成为一个新的植株。

94. 家乡四季如春，山青水绿。农校毕业后回乡就业，想在小游船上建一个生态茶棚，让游客在鲜花绿叶丛中饮茶观景，谈诗论赋。想布置一些盆栽攀缘棕柱，也少不了悬盆吊挂。如有可能怎样布置、养护管理？请专家指点助我将梦想变为现实。

答：设想新奇别致，好！盆栽的摆放或悬垂位置，最主要的应该是不影响游客观景的视线，不影响娱乐活动，及在船的摆动中不倒伏为主。布置应该给人以清幽闲逸、诗情画意的感受，布置数量的多少应以船的茶棚大小而定，以点或线的形式摆放或悬挂。船摆动大，地面布置以直立形或攀缘棕柱为主，最好选定位置后设放置槽，与盆均需固定于船体上。悬垂种类选用壁挂或造型，直接固定在舱室内壁上，也可将花盆摆放在预先固定好的篮筐等内。在船上茶棚内摆放无需考虑光照、通风、空气、湿度，因游动在水面会自行调解，但盆土土表干燥时应及时浇水，长势渐弱时追肥。由于环境湿润、光照柔和、通风良好，其长势要比厅室等处摆放好得多，如果不受人的机械损伤或病虫害干扰，可长时间摆放下去。

95. 工作在北部边陲，冬季自然气温达-40℃，且四季风沙较大，一些常绿花卉只能在室内栽培。室温并不低，在17~20℃之间，光照良好，栽培的悬吊绿萝不但脱叶，还常有烂根的现象，是什么原因？

答：温室内容器栽培绿萝，脱叶烂根的主要原因为盆土长时间过湿、通风不良所造成。由于盆花浇水过多，造成土壤缺少空气，植物的根系呼吸作用受到阻碍，就会出现脱叶烂根的现象。在这种环境中栽培绿萝、合果芋等花卉，要使用排水、通气性良好的栽培土，土壤微干时浇水，并经常喷水洗叶片。在生长季节可15天左右追施液肥1次。室温过高时或光照良好的夏季开窗通风。黄叶发生于茎基部，应为老黄，属自然现象，只能摘除别无它法。

96. 夏季在温室内栽培的几种攀缘棕柱观叶花卉，浇一次饼肥后，大部分叶片萎蔫枯死，是什么原因？

答：叶片萎蔫枯死是由于施液肥浓度过大造成的。在一般情况下，花卉根毛细胞液的浓度比土壤溶液浓度大，由于渗透压的作用，浓度低的溶液会向浓度高的地方渗透，根毛就能吸收水分和养料，供给花卉吸收。如果施肥浓度过高，就会出现反渗透的现象，使根毛细胞中的水分流向土壤，造成花卉根系缺水，引起根毛细胞质壁分离，导致花卉叶片萎蔫脱落，植株枯死。施肥时坚持薄肥勤施的原则，就不会出现因施肥过多导致叶片萎蔫枯死的现象。也可以根据花卉长势逐步加大施肥量。浇施的饼肥浓度过大而造成伤害时，如果伤害不重，可浇灌清水冲洗，增加遮荫度，加强通风或脱盆换无肥素土，经过精心养护能恢复生长。如果受损严重，很难恢复，即使能恢复生长，受损叶片也不能复生，失去观赏价值，应弃之更新。应用液肥时一定要薄肥勤施，由淡逐步到浓，切勿贪图省事，一次浓施。

97. 栽培天南星科攀缘棕柱类观叶花卉，遮荫网设置在温室内好还是设置在温室外好？

答：遮荫网在夏季应设在温室外，冬季则应移至温室内。夏季阳光直射，通过遮荫，照射在温室屋面的光照强度减弱，温度随之降低，水分蒸发也会减少。冬季温室内需要增温，光照直接照射在采光玻璃面上进入温室，温度增高，遮荫网只遮荫不影响室内升温，故应移至温室内。在夏季温度不是很高地区，设在室内的遮荫网不必移至室外。

98. 攀缘棕柱天南星类花卉，夏季能否移至室外阴棚下栽培？还需要什么设施？

答：欲室外荫棚下栽培，需设有防雨、防风设施，出房前将荫棚下地面垫平，并做成0.5%～1%坡度以利排水。浇施一遍杀虫杀菌剂，如有条件时铺一层塑料薄膜，防止地下害虫危害。移至棚下时宜摆放整齐，横成行竖成线，并南低北高，株行距以叶片互不搭接为度，并预留养护管理通道。浇透水，喷水于叶片每天1～2次，高温干旱天气、刮风天气多喷水，低温阴雨天气少喷或不喷。每20天左右追液肥1次。自然气温夜间低于12℃时，移入温室栽培养护。

99. 我单位用天南星科花卉量很大，养护人员浇水工作量大，不知能否选用固定喷淋方法喷浇？

答：喷淋、喷雾为现代化喷水或浇水或增加空气湿度的一种先进的方式方法，为通过水源水泵、加压罐、管道逆水阀、截止阀、支管道、喷淋管道或喷水头、喷雾头等设施进行工作的，如果在电源上再增加定时、测湿，在加压罐处增加追肥、喷药等设施，则更为理想。虽然一次性投资较大，但省工、省时、省劳力，从长远计算还是合适的。用这种供水方式浇水保湿，适合单一或习性相近的种与品种，且应用之容器、土壤应该基本一致，否则喜水湿种或品种与喜稍干旱的种或品种要求不同；应用的土壤也是一样，通透性好的种类排水快，通透性差或密度稍高的种类排水慢，会造成旱涝不均；应用的容器材质也是一样。另外应用这种方法用水量会加大，造成浪费，可增加沉淀井，贮水井，循环泵，循环管道。可将杂质、矿物质含量较多的江、湖、河、塘等水沉淀过滤后应用，以免这些杂质喷淋后滞留于叶片上造成水渍堆积，一旦滞留堆积很难清洗。另外深井水、江、河、湖、塘下层水水温与自然气温、温室室温温差较大，自来水中含有氯的成分，最好还是先灌入贮水池经晾晒后应用，或通过水塔或较长的明水渠流动一段时间，使水温与自然气温相近时再行喷淋，对植物的生长发育会更有益处。

100. 业余爱好栽培花卉，一次偶然机会，到附近花场花房内参观万年青类花卉，见地面铺一层塑料薄膜，薄膜湿露露的，它有什么作用？会不会太湿引起烂根？

答：地面上铺塑料薄膜，既能保证盆土湿度及空气湿度，又能节省浇水次数及浇水量，并防止地下害虫危害，还能保证土温稳定。如果能按时通风，盆土不长时间过湿，室温不过低，光照良好，不受人为机械损伤及病虫危害，不会产生烂根现象。这种养护方式与常规养护主要区别为，塑料薄膜下部土壤中的水分不易被蒸发，易保持土壤温度稳定。上面的水分除被盆土孔隙上吸外，其大量水分被蒸发后散布于室内空气中，增加空气含水量，有利于植株吸收利用，对植株生长有益无害。但必需得塑料薄膜上水分全部蒸发后再行喷水。

101. 我在5楼北侧阳台上栽培的白柄亮丝草，每天喷水3～4次，叶片还是常有枯黄现象，花友见到后说，花卉不接地气养不好。请问俗话说的地气指哪些因素而言？阳台环境真的不能栽培白柄亮丝草吗？

答：俗话说的地气是指地下向上返上的潮气，由于阴天气压较低，土壤蒸发量较小，有水汽从土壤里渗透出来。在阳台栽培白柄亮丝草，只要温度、光照、水分、通风、施肥适度，就可以养好，与地气无关系。白柄亮丝草喜温暖、湿润气候，只要创造这种环境，花卉就能正常生长。

102. 住3楼、5楼、8楼3处，四向阳台均可选择，3楼东侧有小屋顶花园，并有小温室、小荫棚，是我日做夜息的地方。8楼有阳光客厅，栽培直立或丛生的广东万年青类、‘斑叶’万年青类。在这些地方采取哪些措施才能使植物良好生长？

答：广东万年青及‘斑叶’万年青均属耐阴性观叶花卉，不论哪个朝向阳台、楼层高低或屋顶花园小荫棚、小温室，只要创造其适宜的环境均能良好生长。如果首选应为有遮荫设施的小温室及小荫棚。楼上设置的小温室、小荫棚其保湿性要比自然地面建造的温室保温性差，但通风相对要好，增温快降温也快，但昼夜温差小，故在温室或小荫棚地面、栽培场地最好铺一层保湿用的建筑沙或木屑、锯末、草帘等物，以保证其生长发育所需要的空气湿度。冬季需有加温及保温设施。小荫棚多为夏季应用，也需设置防雨、防风设施。阳台栽培，南向及东向阳台较好，这两向阳台光照易人为调节，西向阳台必须遮荫，北向阳台需有较好的散射光及良好的通风，北方地区秋冬之际的季风多为西北风或北风或西风，应做防风设施。封闭的北向阳台往往光照过弱，最好不选用。关于楼层高低，楼层越低，植株的生长形态越接近自然，越高则株型变矮，叶节变短。但在空气湿度较高、光照适合情况下变化不会太大。温差较小，空气湿度小，盆土干，叶节越短，叶片单体寿命越短，长势也随之减慢，反之则间节变长，生长速度快，单体叶片寿命越长。

103. 在花卉市场有称为丛生'绿宝石'喜林芋及丛生合果芋的植物，其茎直立端庄，叶大丰满，很适合会议室陈设。会议开完后撤回花房，2个月后茎节伸长，茎的挺拔力减弱，甚至斜向倒伏是什么原因？怎样栽培养护才能保持株型直立圆整？

答：'绿宝石'喜林芋及合果芋本来就是藤本攀缘观叶花卉，经过人为造型达到好的观赏效果。在栽培养护过程中，茎节伸长、枝条倒伏为正常生长现象，可将盆土表面以上留2～3个茎节，将上部剪除，使其重新萌发新的枝条。剪除部分可作扦插插穗。剪除后，减少浇水量并需追施液肥，每隔15天左右1次，经过2～3个月的养护管理，就能长出直立圆整的形状。如果将茎节伸长部分剪除，叶片能遮掩剪口，也是一种修剪整形方法。也可用短竹竿将其有序地直立绑缚，形态不会失去观赏价值。这种丛株组合栽培观赏期不会很长，一旦失去观赏价值，应脱盆移作攀缘棕柱栽培或依附其它物体攀缘栽培。再用小盆重新组合栽培。

104. 大厅天井的手扶栏杆外设有花卉栽植槽，总长约20米，宽约30厘米，深40厘米，槽底有排水设施，并有栽植土，要求布置垂吊绿萝或合果芋，习惯上用盆栽布置。如果直接栽植于槽内是否可行？怎样养护管理？

答：可参照第79题实施。但这种栽植槽多数还需间植或内侧列植其它应时花卉。为应时花卉更换方便，最好纵向（长向）全长设置一个拦土板，换应时花卉时，不使外侧栽植槽内土壤流向内侧盆花摆放处。

105. 垂吊盆栽的绿萝，茎部有近20厘米已经脱叶，能否在换土时将无叶部分盘虬在新土中？会不会产生腐烂？

答：在换土时，将无叶部分盘虬在新土中，一般情况下茎节不会产生腐烂，还会长出新根，有利于植株生长。在盘虬时宜轻，勿使其受人为机械损伤，否则伤口处易受细菌侵害，导致腐烂。换土后宜在温室内养护一段时间，待新叶发出后再行陈设。

106. 家庭环境龟背竹如何换土？

答：在家庭环境给龟背竹换土，最好选择在春季进行，此时温度慢慢回升，对植株恢复生长有利。先将龟背竹脱盆，除去旧土约2/3，用枝剪将枯根及无分支的老根剪除。在盆中施入腐熟基肥约2～3厘米厚，再垫1～2厘米厚的人工配制的常规栽培土。将龟背竹放入盆内中心位置，再填入栽培土，用手将土壤压实，防止浇水时土壤出现缝隙或凹凸不平。浇水后将其放置在半阴场地，经过20天左右逐步移至光线明亮场地，转入常规养护管理。

107. 银心广东万年青，由市场选购时为瓦盆，能否换瓷盆？

答：欲想更换瓷盆，应选择图案不过于豪华、复杂、鲜艳的瓷盆。可任意选择换盆的季节，以春夏间为好。脱盆时盆土微潮湿，不过于干燥或过于水湿。将花盆倒置过来，用一手托住花盆和植株，使盆沿一侧在其它较硬的物体上轻磕几下或用手向上轻磕盆沿，一般能将土球整坨磕出，磕出后，随即将土坨底部的宿土除去，稍加整理顺根，剪除枯死根。在瓷盆底孔垫瓦片或垫一层约2厘米左右的煤渣，施一层基肥，再放一层培养土，将植株放入盆内，茎干直立放正，土球的表层土低于盆沿2厘米左右，再填入栽培土，用手将土按实，浇透水后正常养护。

108. 黛粉叶类是否需要每年换土一次？哪个季节换土最好？换土时是否还需加基肥？

答：换土或换盆最好在春夏间。需要或不需要换土应视长势情况，长势渐弱或株型过大、花盆过小，或头重脚轻不稳定时，或丛生种类分蘖过多过挤时，应脱盆换土。但习惯上2～3年换土或换盆一次。盆栽花卉换土的目地就是增加肥分，由于盆栽花卉在1～2年的栽培养护中，土壤所含养分大量消耗，养分逐渐减少，不够植株生长发育的需求，所以还要施足基肥以满足植株的生长需要。

109. 家中阳台上栽培的大王黛粉叶，叶片越长越薄，白色部分变暗，是否与多年未换土有关？如果放回园艺场花房是否能复壮快一些？

答：这种情况与多年未换土有密切的关联。多年未换土，土壤中养分被消耗后补充不足，在肥分严重缺乏的情况下，尽管温度、水分、光照等各方面的条件因素比较好，植株叶片也会出现越长越薄、白色部分变暗等生长不良的现象。此时应及时追肥，追肥不宜过浓，应薄肥勤施，每15～20天1次，并加强光照、温度、水分等管理，肥后浅松土，保持盆土湿润。经过2～3个月养护，自会恢复健壮。复壮后翌年春夏间脱盆换土。如欲移至花房温室栽培，仍需按时追肥，相对比阳台恢复较快，且更健壮，但翌春在温室中仍需脱盆换土，待恢复健壮生长后再移回阳台栽培。

110. 住1楼有小院。用白塑料盆栽培的'白玉'黛粉叶夏季在院内色彩不鲜明，出现大量枯叶，冬季移入阳台后，也不见健壮生长，是什么原因？

答：白塑料盆，材料轻巧，不易破碎，方便耐用，盆壁较光洁，换盆换土时容易将土球脱出，容易清洗和消毒，是家庭栽培花卉较好的栽培容器。但塑料盆通透性较差，应用这种容器栽培的'白玉'黛粉叶出现叶色暗淡甚至叶片枯干现象，是由于浇水不当、空气湿度不足所引起。水分浇得过于充足，盆土长时间处于水分饱合状态，根系的呼吸作用受阻，长不出新的根，以致生长停滞。在家庭环境中栽培，要将其放置在遮荫的环境下，保持空气湿度60%左右，浇水保持土壤微潮，土表不干不浇，浇水一次浇透。在生长期间约15～20天追液肥1次即可，叶色鲜明，减少枯叶现象。

111. 春天由花卉市场选购的'银皇后'已经3个多月了，不见生长，有的叶片还枯干，是什么原因？家庭环境如何栽培？

答：由花卉市场选购的'银皇后'亮丝草，春季运回后不见生长的原因很多，但主要为自然气温尚低或挑选不当及改变环境所造成。

春季自然气温变化较大，由花圃运往花卉市场，又由花卉市场运回家中，免不了受低温侵害，这种侵害虽然不是很严重，当时从植株表现可能看不出来大的变化，但几次运输及几次环境变化，其体内很有可能产生很大损伤，从而引起对环境不适应而停止生长，甚至产生叶片枯黄。'银皇后'亮丝草喜室温在20～30℃，甚至室温高达35℃时仍然生长良好，春季的低温也会造成暂时性停止生长。对空气湿度要求不是太严，相对空气湿度在40%～50%环境中即能良好生长发育，空气湿度过高、通风不良、光照不良会产生叶色变淡，光泽暗淡。其中光照也是主要原因之一，冬春之际需要较好光照，除中午外，有直射光照下长势良好，夏季遮荫，中午遮去自然光40%～50%，长势健壮且易分株。生长期间保持盆土湿润，不积水不过干。叶片发现有积尘时喷水洗叶。待其逐步适应新环境，室温或自然气温高于26℃以上时，即能减少枯叶发生，恢复正常生长。

112. 白塑料盆栽培的春羽已经5年没换土了，但每月追液肥1次。是否需要换土、换盆？

答：栽培5年的春羽没有换土，土壤中的营养成分部分被消耗利用，不利花卉的正常生长，虽然每月施追液肥1次，但满足不了正常生长的需要，只能维持最基本的生长。其茎杆长势渐弱，株型不美观，所以需要换人工配制的栽培土。在换土时，如果株型较小时，可不需要换大盆，株型较大时，可以换大一号的花盆。家庭环境应就地取材，有什么盆就用什么盆，不必非换新盆，白塑料盆经过洗刷、消毒后，可以继续使用。

113. 公司办公楼天井处光照明亮，摆放在流水假山边的'翠玉'合果芋长势非常好，而摆放在办公室窗台上的植株叶色暗淡，叶片变黄后干枯是什么原因？怎样栽培才能不出现或少出现叶片黄枯现象？

答：'翠玉'合果芋喜较强的明亮光照，在柔和的直晒光照下也能良好生长，也能耐半阴，且较耐寒。陈设在办公室的植株因光照明亮，应该比陈设在大厅水池边长势好才对。目前情况正好相反，其主要原因应该有3方面：其一，为空气湿度不足，使叶片未老先衰；其次是土壤中养分不足，造成部分老叶自我淘汰；另外一个原因属自然现象，即叶片老化变黄后枯干脱落。如果为空气湿度不足，可每天喷水或喷雾于叶片1～2次，并增设接水盘，即有所改善。如果属土壤中养分不足，可每15～20天追无机肥1次，追施浓度应在3%～4%，如应用磷酸二铵或尿素或磷酸二氢钾最好氮、磷、钾交替应用，使植株均衡吸收利用，很快即能叶色鲜明，植株健壮，甚至好于水池边陈设的植株。千万别忘了按时转盆，植株才能端正保持圆整。陈设在大厅内的植株因临近水面，空气湿度相对较高，从目前看相对长势较好，但长势会变得日渐衰弱，除按时追肥外，发现渐弱时及时运回温室或荫棚下复壮栽培，切勿待过弱时再更换，复壮会较难，且养护时间要比勤换长得多。

114. '银叶'合果芋在阳台上如何栽培？

答：核果芋类在阳台栽培应分几种情况，由小苗开始栽培及由花卉市场选购的成型植株，以及造型方式方法均有较大区别：

(1) 由幼苗开始栽培：栽植前备好接水盘或沙箱、沙盘。小苗选用口径12～16厘米深筒花盆，用瓷片或纱网垫好盆底孔后，填入常规栽培土1～3厘米，放一层薄薄的腐熟饼肥或膨化粪肥或3～4片蹄角片，应用腐熟厩肥时可增加至1～2.5厘米，再行填土，随填随压实，填至盆高的1/4～1/3处，将小苗置入盆中心，一手扶苗，一手用苗铲填土，仍需随填土，随压实，并使小苗直立于盆中心，如有不正及时纠错，直填至留水口处，蹾实，放置在备好的接水盘或沙盘上，浇透水保持盆土偏湿，并喷水清洗叶片。1周后逐步减少浇水，仍需喷水保湿，新叶发生后土表不干不浇，浇水时间冬春之际气温较低时，上午或中午浇水，夏季高温季节早晨或傍晚浇水或喷水，保持接水盘内有水，沙盘或沙箱内的建筑沙水湿。待小苗新叶发生后逐步移至光照稍强处，中午遮荫防止日灼发生。新叶生出2～3片时，开始追液肥，每15～20天1次，应用无机肥时，磷酸二铵或尿素或磷酸二氢钾对水成浓度2%～4%，并交替施用10～15天1次，应用花卉市场供应的小包装肥料时，最好选用促叶肥并按说明施用，保证土壤内养分充足，植株才能健壮生长、叶色光亮。当自然气温夜间低于10℃时，在敞开阳台栽培苗移入室内光照充足处，减少喷水量及次数。供暖前及停止供暖后两段低温阶段尽可能不浇水，并保证光照较好才能度过。如果室温过低，应连同花盆罩上塑料薄膜罩，防止寒害发生。供暖后补充浇水，保持土表不干不浇，并远离供热设施。合果芋类对昼夜反温差敏感，室温高于15℃即开始生长，长时间反温差，在土壤潮湿、光照不足环境中，会产生叶节间变长、叶片变薄、变小，斑叶类斑纹变淡或消失。可白天移至室内光照较好处，控制浇水量。翌春自然气温稳定于15℃左右时，依据需要形态，脱盆重新组合造型。

(2) 成型植株栽培养护：由花卉市场选购的成型植株运回后，应置半阴场地，室温或自然气温高于20℃时，应向叶面喷水每天2～3次，不低于12℃、通风光照良好时，每天中午喷水1次。喷后尽可能使叶片全湿而不滞留水珠，水珠在较强光照下，使聚焦点处形成穿孔性灼伤，降低观赏价值。待其适应新环境后转入常规栽培。

115. '白蝴蝶'合果芋、圆叶蔓绿绒，琴叶蔓绿绒能否作垂吊栽培？

答：这3种花卉均为藤蔓性攀缘植物，垂吊栽培是攀缘植物的一种栽培方式。在选取苗时，可扦插繁殖，选择的插穗最好选用靠基部的茎段或中段，留2～3个潜伏芽，长度约10厘米左右。插穗成活后，5～7株均匀地栽植在盆内，叶片较小种类适合作垂吊栽培。如使用上段或先端的茎段扦插，长出叶片较大，只能作较长大的垂吊栽培。

116. 住南方沿海，新建楼房阳台有花卉栽植槽，长2米左右，宽约30厘米，深近50厘米，能否栽培一些矮生的蔓绿绒类花卉？

答：在栽植槽内可栽培一些矮生的蔓绿绒类花卉。在栽植前，在栽植槽底垫一层建筑用陶粒排水层，或用约2～3厘米大小的碎泡沫塑料板块，厚8～10厘米，在排水层上面铺一层约5厘米左右的建筑沙，沙上施基肥厚约5厘米，施完基肥后，上面是疏松含腐殖质较高的栽培土，填至距栽植槽口约5厘米左右，将花卉栽植在槽内，株行距约20厘米左右。用手将土壤压实，栽植后浇一次透水。南方雨水多，空气湿度高，土表不干不必浇水。缓苗后约20天左右追施液肥1次，即能良好生长。

117. 麒麟尾、合果芋等在我们这里能良好越冬。在庭院的铁栏杆下栽植，使其攀缘于栏杆上是否可行？怎样栽植管理才能良好生长？

答：麒麟尾类、合果芋类观叶花卉均属耐阴性花卉，不喜强光直晒。所在地区既然能露地越冬，气温条件可以说没问题，如果为潮湿多雨地区则更为理想。如果干旱季节较长，光照强度大，只能在中午能避直晒的场地应用，否则即使能成活、能越冬，也不可能良好生长，更谈不上观赏价值。再者天南星科藤蔓攀缘类花卉是靠气生不定根吸附攀缘，向上攀缘只能吸附在很细的金属杆上，这种吸附可能性较小，再加之在直晒光照下，金属温度很高，根毛很易被烫伤而无法攀缘。如欲栽植，栽植前先将栽植地进行平整翻耕，翻耕深度应不小于30厘米，宽度30～40厘米，长度以实际情况而定。地下杂物过多应过筛或换土，并施入腐熟厩肥，每平方米1.5～2.5千克，应用膨化粪肥或腐熟饼肥每平方米0.5～1千克，再次翻耕均匀，耙平压实，按株行距30～40厘米或按实际情况栽植，栽植后即行浇水，如遇雨天或新雨过后可不用浇水。如遇干旱天气，第二天仍需浇水，保持土壤偏湿，不积水。因地栽土壤面积、体积大，水分养分均易调节，土壤含水量大些会长势更好。小苗伸蔓后及时领苗上栏，一旦小苗倒伏极易发生不定根，并扎入土壤中，此时再领苗上栏会多一道剪除工序。领苗上栏需选用绳索绑缚，捆绑时宜松不宜紧，留有藤蔓直径生长发育余地，当藤蔓出现斜向或下垂，应再次绑扎。生长季节，夏、秋间各追肥1次，当藤蔓长1～1.5米以后，叶片不变小，不变薄，可不必再追肥，此时因根系庞大，自会寻觅养分及水分，转入粗放养护。

麒麟尾很少在基部分生幼株，叶片老化脱落后藤蔓外露，观赏价值降低，应在株行间补栽小苗遮掩。合果芋基部易分生幼株，可分批适当修剪即可良好遮掩。当藤蔓生长至与铁栏杆高度相等后，即变为横向攀缘，造成头重脚轻，应依据实际情况，将部分植株适当修剪，以免弊病发生。

118. 自建温室，栽培的‘白玉’黛粉叶，夏秋季长势很好，入冬后有的植株少数叶片出现不规则斑块，不像病害，室温也不低，更不像日灼，是什么原因？怎样才能不发生这种现象？

答：产生斑块的主要原因之一可能就是应用于铺顶面的塑料薄膜了。

应用普通塑料薄膜虽然较为经济，但白天室温较高，留存于栽培场地地面的水分蒸发，花卉本身的蒸腾作用，使空气的含水量大量增加，夜间温度降低，附着于塑料薄膜的潮湿空气形成水珠，当水分积累到一定程度时，必然因重力下落，落下的水珠自身重量加速度，砸落在叶片上，绝大多数是在一个点上连续砸，造成受砸点上组织损伤产生褐色斑点，严重时造成穿孔，如果塑料薄膜或水珠带有害病菌，其后果更为严重。产生这种现象后应仔细查看，如只是小面积发生可将植株移开，使水珠堕落后砸在场地地面上，如果发生面积较大，只有更换无滴塑料薄膜（雾化塑料薄膜）了，不产生水珠，当然就不会发生这种现象了。

119. 花友送给我的斑叶龟背竹，6片叶中有1片有1条白线纹，1片叶近1/4是白斑，这2片均在茎的先端。由第3片叶节处剪下扦插，下部按1叶1枝单叶扦插，成活后分栽3盆，最基部老茎也发生新叶，现已栽3年，只有最上部带2片斑叶的植株发生的新叶仍为斑叶，其余的植株全部变为绿叶，不知是什么原因？怎样栽培才能出现斑叶？

答：斑叶龟背竹为龟背竹的变种，白斑遗传基本稳定，扦插繁殖的小苗通常没有白斑，待生长至3片叶以上时，如光照较好，多数能出现斑叶，极少数5～6片叶时方能出现斑叶。光照不足、空气湿度过低，往往会仍为绿色无斑。

120. 春节前搞卫生，中午将掌叶合果芋、白金葛等几盆攀柱花卉搬至楼道内喷水洗叶，下午搬回室内，当时天气预报为2℃，应该不会产生寒害，为什么大部分叶片会萎蔫？还有办法补救吗？

答：应该是受寒害所造成，其中掌叶合果芋在渐变温度下能耐短时6℃低温，白金葛在渐变8℃以下即有可能受寒害。天气预报是根据天气情况推断出来的，并不是当时发生的气温，有一定误差，加之楼道内门窗不一定密封关闭，其温度很可能还低于自然气温，又用冷水喷洗植株加快了降温。室内温度通常不会低于20℃，而楼道只有2℃左右，由室内移至楼道时这种急骤降温使植株突然停止生命活动，并长达几个小时，又移回室内骤然升温，加之空气干燥,体内水分快速蒸发,而根系尚未恢复生命活动,叶片水分蒸发后又得不到补充,必然枯干而后全株枯死。故在冬季不论任何情况下,均应在室内喷水清洗,不能移出室外。如果遇有这种情况而且伤害较轻时,可先将其移至不高于10℃的室内恢复一段时间,再移至15℃左右潮湿环境中一段时间,待叶片恢复挺拔后再移至办公室,损失会减少一些,但受害严重的叶片或植株无可挽回。

121. 北方栽培花卉习惯用马蹄片、牛羊角作基肥,这种肥应属缓效肥,那么在分栽时栽培土中是否还要加入其它基肥?选用追肥是否可行?

答:关于蹄角片的应用,前面已经叙述得很多了。天南星科花卉应用蹄角片作基肥时,可直接垫于盆底或盆内壁,因其腐熟慢,在腐熟中也会产生有害气体,由于量很少,对根系不会产生大的危害。用作追肥时,可选用埋施或浸泡成液肥浇施,家庭环境为防止异味发生,最好选用埋施。栽培土配制应按量加肥,以供前期生长所需要的养分。另外应用蹄角片作基肥时,仍需按时追液肥,以保持土壤中养分充足。

122. 施工工地需要栽植菖蒲苗,但因春季场地尚未平整完毕,需夏季栽植,并要求不修剪、株冠整齐的全冠苗,能否于春季选用容器栽培,待用苗时连同容器运去栽植。如果可行怎样栽培?如何运输?

答:园林绿化施工中这种情况普遍存在,不但菖蒲如此,大多数宿根花卉甚至苗木这种问题也时有发生。如果用量不大,栽培场地可利用边角地,如果应用量大,可在栽培场地建立浇水池,也可在平地叠埂或容器栽培。

(1) 平地叠埂栽培:栽培场地只做平整不翻耕,四周用普通园土叠埂,埂高20～30厘米,场地内需平整无杂物,无砖瓦碎块及石砾,铺一层塑料薄膜,四周压在埂上面,作为防渗层,以保证埂内水分不下渗至场地土壤中。容器摆放选用18×18～21×21(厘米)间距,以保证冠径生长及分生子株需要,摆放宜横成行、竖成线,摆放4～5行后浇透水,再继续上钵摆放。全部完成后向埯内灌水，深度至埯面下3～5厘米，生长期间保持埯内有水，即能良好生长。运往工地前，于栽植场地一侧开始，逐钵将株丛的叶片用绳索拢绑后取出埯外。装载时应横向放倒码放，即盆底朝外贴牢于车的槽邦，第二钵压在叶片上，另一侧也需如此码放，最后两先端相压，并由车厢前部向车厢尾顺序码放，最后用草帘挤严，车起动、加速，甚至急刹车时，即使有小的移动也不会挫伤叶片。卸车时应由车厢尾部开始，向前顺序卸下。另外在装车、卸车时勿踩踏叶片，如果确实有困难，可踩于放倒的软塑钵上。栽植时脱钵，栽植后解除捆绑物。

(2) 筑池栽培：多用于需多年连续供应全冠苗的情况。即在栽培场地掘坑筑池。筑池可分3种情况：即池面与自然地面呈水平状态，称为矮池或低池；池壁一部分在自然地面以上，另一部分在自然地面以下，称为半池或半地下池；另外一种为池底与自然地面在一个水平线上，池壁高于地面，称高池。不论哪种构筑方式，池壁高（池底至池壁顶面）应保持20～30厘米，长度、宽度以便于养护管理为度。池底与池壁均需作防漏层。其它养护、装运与平地叠埯栽培相同。

(3) 少量容器栽培：工地应用量不大，可选用无底孔的小塑料桶、箱、厚壁塑料袋，或要求软塑料钵厂家制作不带底孔的软塑钵。选用普通园土或无化学污染的河泥、塘泥上盆，水口应不小于5厘米。栽植后置园艺场闲置的边角地域，如放在栽培场地则更好。浇透水保持水湿，菖蒲在浅水中生长良好，在潮湿不过于干旱地域也能生长，但前者长势更健壮。小苗期每天补水1次，苗高20厘米以上时应每天补水2次。硬塑料桶、盆等质地硬滑不耐压，叶片捆绑好后，最好选用厢篷车或手推车单层直立装载运输。其它与平地叠埯栽培相同。

123. 我场夏季道路两侧多用菖蒲及其它水生花卉点缀。场庆偏在冬季，要求在大厅及会议室、四季厅摆设菖蒲。北方冬季自然气温寒冷，能否在场内玻璃温室内促成栽培，供场庆之用？

答：菖蒲在南方暖地为常绿性，在寒冷的北方露地栽植或野生苗为宿根性。欲想冬季陈设，只能温室栽培。春季分株时选用30～50厘米无底孔花盆，盆内先垫一层腐熟厩肥，厚度3～4厘米或腐熟饼肥、膨化粪肥等厚

1厘米左右，然后用普通园土或无化学污染的河泥、塘泥等栽植，留水口不小于6厘米，每盆5～8株，置光照直晒场地浇透水，保持盆内有水或水湿，随时清除杂草，特别是水绵类，一旦滋生过多会降低水温，影响正常生长。长势不过弱不必追肥，需追肥时应做肥球，即将膨化粪肥或腐熟饼肥等30%左右，掺入70%左右高密度土或普通园土中，制成直径2.0～2.5厘米的圆球体，充分晒干后用手压入盆内土壤中，每盆2～4个。有季风地区，秋季及时防风。自然气温低于8℃时，移入温室中前口光照充足场地，保持夜间不低于6℃，白天不高于22℃，高于25℃时开窗通风。自然气温低于3℃时放帘保温。室内养护仍需保持不缺水。由于环境的改变，可能产生少量叶片黄枯，应及时剪除，即可四季常绿。由温室运至陈设场地前，先将叶片拢绑后外裹1～2层报纸保护，陈设时解除。如大厅内光照充足，冬季可长期摆放，如需运回温室仍保护好后运回。当自然气温稳定于12℃以上时，移至直晒光照下继续养护，2～3年分株或脱盆换土1次。

124. 北方较寒冷地区，在住宅小区人工筑建的小河及水池中栽植石菖蒲，怎样才能良好生长？

答：住宅小区园林景点建筑的水池及小河绝大多数为循环水，并设有溢水口，雨季水面基本平稳，但有防漏层（防水层），河坡与水下土面做硬铺装，不能栽植石菖蒲，故只能容器栽培后点缀于小河或池底。容器栽培时，可选用30～50厘米口径花盆，或40×40～60×60（厘米）软塑钵，如果池水很清澈，俯视见底，最好选用前者，美观大方。栽培土壤可选用普通园土，无化学污染的塘泥、河泥等，每盆或钵栽植6～10株，如设计有要求应按设计实施，栽培土过于贫瘠时，应在土壤中加入适量基肥。保持水深30～40厘米，水过深时应将盆或钵垫高。如池或河中养鱼，应将盆土面上垫一层小卵石，防止鱼类打滚将土搅出盆或钵外。自然气温低于3℃时，移至温室光照良好场地越冬。如不准备常绿越冬，应在池水冻冰前取出，剪除地上部分，在地窖或冷室越冬。池、河水冬季不放干，常年流动或冰层以上仍有存水时，也可置存水中越冬，也可脱盆（软塑钵栽培时不脱钵）埋于背风向阳、保持湿度的沟槽中越冬，翌春重新上盆仍置于池或河中。池或河借外来水流经小区园林绿地，河底或河坡不做硬面处理，也不做防漏时，可直接栽植于河坡或浅水中，冬季剪除地上部分直接越冬，翌春长势会更好。

125. 在北方大藻如何栽培？

答：大藻在我国南方暖地漂浮于塘、湖、池等水面，能自然良好生长。在北方则常在温室内越冬。要求光照充足，水温在18～30℃环境中生长良好，但长时间水温低于18℃，光照不足会产生叶片腐烂而死亡。在北方游泳池或水容器栽培苗，应于自然气温低于18℃前移入温室水池内或水面较大的水缸内，保持温度即能良好越冬，无需特殊养护，但水的pH值不应大于8.5，软水中比硬水中长势好。如水温、光照等环境良好，在水盆、金鱼盆、水族箱中能良好生长。

126. 怎样栽培灯台莲？

答：在南方温暖、潮湿、半阴、土壤疏松肥沃、富含腐殖质环境中，自然生长良好。因不耐寒，北方地区多在温室或荫棚下栽培。选用14～20厘米口径、通透性较好的瓦盆或白砂盆、紫砂盆等，每盆5～8株，选用园土30％、细沙土30％、腐叶土或腐殖土40％，另加厩肥8％～10％，应用腐熟饼肥或膨化粪肥时为5％～8％，拌匀后充分晾晒或高温消毒，灭菌后放半阴处待用。将花盆底孔用碎瓷片垫好后，装填栽培土，随装填随压实，填至盆高的1/3时，将小球根均匀放置于盆中，放置时芽朝上，切勿放反，稳固后再行填土，直至留1.5～2厘米水口处，一定要将球根全部埋于覆土下，因新的根系在新芽基部发生，不埋于土下，芽出土生根困难。压实刮平后再次蹾实，置温室或荫棚下浇透水，在室温或自然气温20℃以上潮湿环境中，15～20天新芽出土。保持盆土湿润，不过于干旱，不积水，生长期间每20天左右追液肥1次。自然气温低于15℃时进入休眠，休眠期地上部分枯死，应行剪除。降霜前，荫棚栽培的球根应移入温室，移至温室后保持盆土偏干。也可将其脱盆，将球根按大小分类后集中收藏，翌春4～5月再行栽植。阳台栽培时放置在阳台内之窗台上，盆下置接水盘，炎热干旱天气每天喷水1～2次。其它与温室或荫棚下栽培相同。

127. 百草园绿化施工中有"小径听松"一景，植油松近百株，要求栽植一小片半夏作小植被，应如何栽植？怎样养护？

答：于春季化冻后，将栽植场地翻耕过筛，深度20～25厘米，施入1/3～1/2土壤体积的腐叶土或腐殖土，并施入适量厩肥，再次翻耕均匀，耙平压实浇透水。待土表见干后，按10×10～15×15（厘米）株行距栽植半夏球根或小苗。应用球根时覆土1.5～2厘米，栽植小苗必需将小球根埋入土下1.5～2厘米。栽植后浇透水，保持土壤湿润，不宜过湿，过湿则对油松根系不利。小苗发芽出土后勤喷水，苗不过弱可不追肥，因场地面积大，土层厚，自会用根系调节。秋冬之际进入休眠，将地上部分剪除，并挂牌警示，切勿践踏，或用围栏保护。上冻前浇一次冻水，即能良好越冬。翌春化冻后浇返青水，并保持土壤湿润，发芽后转入常规养护。

128. 容器栽培半夏如何养护？庭院栽培与阳台栽培养护管理是否相同？

答：半夏为小球根花卉，夏季生长发育，冬季休眠，容器栽培应于春季栽植小球根或珠芽。土壤为园土30%，细沙土30%，腐叶土或腐殖土40%，另加腐熟厩肥5%～8%，或膨化粪肥或腐熟饼肥2%～3%，拌均匀后充分晾晒或高温消毒灭虫灭菌，处理后堆放于半阴场地喷水搅拌，微潮半干，即土壤含水量呈黄墒至合墒之间时即行上盆。容器的大小应依据用途而定，温室或荫棚育苗，最好选用口径12～16厘米深筒花盆，每盆栽植小球根16～20个，阳台或庭院栽培因场地限制，可选用10～12厘米深筒花盆，每盆栽植小球根8～16个。覆土2～2.5厘米，压实刮平后置温室半阴场地或荫棚下，阳台环境置阳台内之窗台或花架上，盆下置接水盘，浇透水后保持盆土湿润。栽植后至小苗出土前切勿干旱或水涝，一旦因干旱或水涝使生长点受损将无法恢复，造成不必要的损失。生长期间保持土壤湿润，花后追液肥一次，有利球根增大及种子饱满。霜前剪除地上部分放冷室或阳畦越冬。家庭条件置阳台下越冬，翌春脱盆重栽。

129. 单位在北方，冬季水面结冰。绿地面积较大，设有假山、水池、花架、小亭，水池上有小桥，水池内布置不少水生花卉，并放养锦鲤。但缺少沉水类花卉布置，曾布置过金鱼藻，但不久即漂浮于水面。有花卉爱好者建议布置沙洲草，是否可行？如何栽培养护？

答：沙洲草为沉水常绿小草，冬季在我国北方冰面下水温仍较低，加上池底有防渗层，根系不能接触土面，故不能自然越冬，只能容器栽培冬季温室越冬，夏季陈设。栽培沙洲草，盆口直径的大小应按用途而定，水池中应选用较大口径花盆，如30～50厘米无底孔盆，鱼缸或水族箱中可选用口径6～12厘米花盆，或直接布置于建筑沙或白云石八厘沙中，只供观赏不能作栽培。容器栽培最好选用普通园土或无化学污染的河泥、塘泥等，栽植后土面覆一层碎小的河卵石，以防锦鲤打滚而将泥土搅至盆外。如为批量生产，应在温室内独立筑池栽培养护，保持水深8～20厘米在叶先端上，池水最深不能超过40厘米，过深则水温降低，影响正常生长。在室外水池中，水温6℃未见伤害，20～30℃生长旺盛。秋季应移入温室水池内越冬。

130. 温室内盆栽金钱蒲出现叶片先端变黄而后干枯，是什么原因？在大厅上水石假山上栽植的植株也有此类现象，但没有盆栽那么严重？怎样养护才能不产生这种情况？

答：金钱蒲叶片先端变黄后干枯，俗称叶片干尖，主要原因为空气湿度不足，土壤含水量低，土壤pH值过高，光照过强或过弱所造成。金钱蒲原产于温暖潮湿多雨地区的石隙或河边上，要求空气湿度不低于70%。空气湿度过小，通风量过大，光照过强，土壤含水量过少，根系吸收水分小于蒸发或蒸腾，叶片先端水分供不应求而造成枯黄。在养护中勤向叶片及场地四周喷水，即可避免叶片先端黄枯。光照不足，也会产生黄枯，生长期间需明亮而不直晒光照。栽培土壤pH值应保持在5.5～7，如pH值过高，可追浇矾肥水或500倍硫酸亚铁液改善，即会恢复良好生长。

131. 怎样栽培好千年健？在玻璃温室中叶片先端出现干枯是什么原因？

答：千年健喜高温高湿，北方在温室内或阳台上只要能创造良好环境，不难良好生长。在陈设时仍应保持良好环境。

(1) 温室栽培：依据用途选用口径16～26厘米高筒花盆。盆土为园土30%，细沙土20%，腐叶土或腐殖土50%，另外加膨化粪肥或腐熟饼肥2%～3%，应用腐熟厩肥为5%～8%。每盆3～6株，应用12～14厘米口径花盆每盆1株。栽植时依据根系长短，根系短可先装填栽培土，根系长时先将苗置于盆中，根系分布均匀后装填栽培土，随填随压实，置温室内的半阴处，浇透水。生长期间保持偏湿，宁湿不干，切勿过干，干旱致使叶片干枯或叶片先端干枯。夏季早晨叶片有吐水现象，为土壤中含水量附合生长需要。室温在24～30℃生长良好，但习惯上室温高于25℃时开窗通风。温室遮光率保持50%～70%。冬季室温不低于15℃，12℃以下停止生长，但盆土仍应保持湿润。陈设时应每天向叶片喷水1～2次，有条件室内配备加湿器则更好。

(2) 阳台栽培：分两种情况，即敞开阳台或封闭阳台，只要能人为制造适宜环境，敞开、封闭、各朝向阳台均能良好生长。栽植前先在窗台或花架上设置沙盘、沙箱或接水盘。栽植选用16～20厘米高筒花盆。选用上述栽培土及栽培方法，栽好后置沙盘等或接水盘内，保持沙土潮湿，能达到水分饱合状态则更好，或水盘内保持有水。生长期间每20天左右追液肥1次，并需每日早晨或傍晚浇水。敞开阳台，每日向叶片喷水2～3次，炎热干旱天气多喷，阴雨天气少喷或不喷。封闭阳台每天最少浇1次。西向阳台及南向护栏内栽培应遮荫，北向阳台需明亮，冬季需光照充足，仍需保持盆土湿润，并经常转盆。供暖前及停止供暖后两个低温时间段，需连同花盆罩塑料薄膜罩，盆土保持湿润，不能过干。自然气温稳定于12℃以上时，敞开阳台栽培植株可移出室外，封闭阳台留于原处栽培养护，并增加喷水次数。冬季除南向阳台栽培的植株，其它朝向阳台栽培的植株均需移至室内或封闭阳台光照充足场地养护。

玻璃温室中栽培植株出现叶片先端黄枯，其原因主要为光照过强或空气湿度不足，适当遮阳，每天喷水1次即会有所改善，但已经受损叶片不能恢复。由花卉市场选购的成型植株，运回后置半阴场地，除保持盆土偏湿外，还需按时向叶片喷水，只要空气湿度能保持，很快即能适应新环境。

132. 自建小花圃。早春在花卉市场购买的二色花叶芋块茎，怎样栽培才能养出好的商品苗？家中庭院、阳台能否栽培？

答：二色花叶芋在花卉市场上常简称彩叶芋或花叶芋。在简易温室中要栽培出高质量的产品或提前上市，其要点应为室温与土温。

(1) 建立温床：如果数量较多，建立温床通常有3种方法：即烟道供热，热水或热气供热，电热线供热。简易塑料棚温室，最常见的种类为烟道供暖，这种方法又称火道供热，即在烟道上建立温床，用3×40×40（毫米）角钢或直径16毫米钢条焊制长方形钢架，宽不大于1.2米，长度则依据数量多少而定，侧面用18～20毫米厚的木板作箱槽，高20～30厘米，槽内填一层素腐叶土或建筑沙，也可应用蛭石、陶粒或腐殖土，厚5～10厘米，将种球摆放在基质上，浇透水后保持偏湿，土温保持24～26℃，或室温26～28℃，待其生根发芽后栽植。另一种方法为按箱槽宽度，于烟道延长方向用泥土砌120毫米砖墙，将箱槽放置在砖墙上，为保持温室内土地，砌墙不用石灰或水泥，除供热管道外，应保证墙内为空心状态使热空气在其中流动。如烟道本身就是砖结构砌成，应在烟道面上依据需要温度，垫2～4层砖（约12～24厘米），将箱槽放置在砖面上。这种方法虽然简单易行，经济方便，但土温不易掌握，火旺时温度高，火微时会产生降温，选用这种方法需勤查温度。

应用热水热气管道（暖气供热）其方法与上述相同，其温度易调节，能保证所需土温或室温。

电热线供热，也称地热线，是将电线埋入土壤散发热量，使土壤增温的一种方法。这种方法通常不制作箱槽，在温室内平整的地面上干码砖池，将电热线置于池中，然后填基质，基质的薄厚应依据电热线的功率而定。电热线出售时有说明，按说明书实施。这种方法通常有温控设施，只要调节适当，能自动控温。另外，沼气供热应属管道热水供热范畴，地热也应如此。既节约能源又环保的太阳能供热更应提倡。

(2) 栽培：通常选用口径14～18厘米花盆，每盆3～5球，栽培土最好为园土20%，细沙土30%，腐叶土或腐殖土50%，另加腐熟厩肥5%～8%，经充分晾晒或高温灭虫灭菌，翻拌均匀后上盆。盆底填入2～3厘米栽培土后，填一层2厘米左右厚腐熟厩肥或1厘米左右膨化粪肥或腐熟饼肥，再填3厘米左右栽培土。将已经发芽生根的块茎，轻轻掘出苗，根系在空气中暴露时间越短，恢复生长越快，将块茎置入花盆后随即填土，并随填随压实，直至填至留水口处，蹾实，置温室光照柔和场地浇透水，并喷水洗叶。摆放宜整齐，横成行竖成线，并留有养护管理通道，通道要整齐平坦，摆放株行距以25厘米×25厘米较为理想。保持盆土湿润，通常在栽培养护中以喷水保湿为主，找水为辅。单面温室中，如发现叶片因追光弯向一侧时，及时转盆。株间叶片相搭接时拉大株行距。生长期间每10～15天追液肥1次，应用无机肥以磷、钾肥为主，氮肥为辅，防止徒长。室温保持22～30℃，过低生长缓慢，过高叶柄伸长，造成高矮不齐。每芽生长至2片以上成叶且端正时，即可移入市场。

(3) 庭院容器栽培：在我国南方温暖潮湿、自然气温不低于22℃地区，可露地栽培。北方只能容器栽培，春夏间自然气温20℃以上时，置阳光直晒场地，浇透水，每天喷水4～5次，保持场地土地潮湿。新芽出土后移至有防雨、防风设施的瓜果棚架下、树荫下、建筑物北侧、高大花木或花卉的阴面，使其能有较好的明亮光照，良好的通风，以及温湿的环境。每日早晨或傍晚浇水，避开炎热的中午，干旱天气向场地喷水或浇水，以增加湿度，降低小环境温度。生长期间10～15天追液肥1次，如选用无机肥时可按3%～4%浓度，例如：应用尿素或磷酸二铵浇一次后，第二次追肥则用磷酸二氢钾再浇尿素等，使土壤中肥分均衡，同时防止徒长。秋季自然气温低于15℃前，脱盆将块茎集中在一盆内移入室内，盆土宜保持偏干，不干透不浇水，翌春重新栽植。其它栽培养护参考温室栽培。

(4) 阳台容器栽培：人为制造适宜环境，如北向阳台宽敞明亮，各朝向阳台均能栽培。自然气温稳定于20℃以上时，在阳台上的栽培处设置水盘、或建筑沙盘或建立小型栽培箱，如北向有小平台，栽培时可不设各种盘或箱。栽植后置阳台光照充足或敞开阳台直晒光照的台面上，浇透水保持盆土偏湿，待新芽发生后移至沙盘或水盘内，早晨或傍晚浇水或喷水。夏季生长旺盛期，每10～15天追液肥1次。炎热干旱天气增加喷水次数。秋季地上部分干枯时移至室内，保持盆土偏干，不干透不浇水，切勿过湿致使块茎腐烂。翌春脱盆重栽。其它栽培养护参照温室栽培。

133. 8月份在花卉市场购买的'银斑'花叶芋，除休息日及晚间陈设在客厅外，其它时间均放在阳台内之窗台的接水盘上，接水盘为长方形，长向能放3盆花，我只放1盆，盘内水深约5毫米，每天早晨补水，陈设时也有与花盆匹配的圆形小接水盘。栽培养护不到1个月，叶柄萎蔫，连同叶片干枯，是什么原因？怎样养护才能不发生这种现象？

答：'银斑'花叶芋相对耐寒性差，当自然气温低于20℃时即停止生长，叶色变暗，叶片由外侧向内逐个干枯，低于18℃全部干枯，进入休眠，属正常生理状态，与其它因素无关。此时应将地上部分剪除，控制浇水量，并移至室内越冬。其栽培养护可参考二色花叶芋。

134. 留种准备明年繁殖的花叶芋类种苗，是由一千多盆中挑选出来的健壮苗，脱盆后检查块茎时，发现比花卉市场供应的直径小，芽点也少，怎样栽培养护才能变大，芽点增多？

答：花叶芋类在生长发育期间，吸收及制造的养分绝大部分供叶、花等消耗，温度越高吸收消耗越快。在北方夏季时间长，而秋季来得快，降温也快，加之叶色变暗后观赏价值降低，甚至无观赏价值，不再追肥，根系吸收养分减慢，故造成球根瘦弱，生长点减少。在日常养护中除正常追肥外，在叶色变暗或观赏价值降低后，仍继续追肥，直至全部休眠时停肥，这一阶段因地上部分消耗减少，球根内贮存养分增加，会使球根变大，芽点增多。不但留种苗如此，其它块茎也如此，不妨一试。

135. '少女'花叶芋、'白鹭'花叶芋及'红浪'花叶芋栽培方法是否相同？

答：'少女'花叶芋、'白鹭'花叶芋及'红浪'花叶芋均为园艺栽培品种，习性大致相似，喜充足光照，在塑料薄膜温室中遮光40%～50%，玻璃温室中遮光50%～60%，特别是夏季中午必需遮光，否则易产生日灼，光照过弱叶柄细长叶片变薄，且高矮不齐。室温在24～32℃长势良好，曾有室温已达36℃，但通风良好，空气湿度大环境中仍未停止生长。空气湿度在70%～80%环境中，叶色鲜明，斑纹明快，在长时间40%～50%干燥环境中叶色变暗，但在高温下仍能继续生长。家庭条件，浇施市场供应的促叶肥或营养液长势良好。栽植方法、养护管理可参考二色花叶芋。

136. 孔雀花叶芋与花斑花叶芋栽培方法有哪些不同？能否在同一温室内分别养护？

答：花叶芋类在同一温室内分别栽培，虽然其习性各有差别，可选取各因子的中间值，通常能良好生长。在室温27～30℃，空气湿度60%～70%，光照充足不直晒环境中，统一养护不会出现大问题。另外光照强弱可分区处理，需要强光区域可少遮荫，需要光照稍弱区域可多遮荫。习惯上室温高于25℃开窗通风，而夏季白天自然气温均高于25℃，简易温室只能遮荫及喷水降温。总之在高温、高湿环境中均能良好生长。

137. 迷你花叶芋如何栽培养护？

答：迷你花叶芋又称矮生花叶芋，通常株高不超过20厘米，除常规栽培外，给小型盆栽也带来条件。常规栽培选用12～16厘米口径花盆，每盆5～9芽，小盆栽用8～10厘米口径花盆，每盆1～3芽。选用花盆外壁宜素雅，不宜色彩过繁，以免喧宾夺主。选用人工配制的栽培土，垫好底孔后填装一层约2厘米左右栽培土，刮平，再填2～3厘米腐熟厩肥，再刮平压实，继续填装栽培土至盆深的1/2左右处，刮平压实后，将球根芽点向上均匀地用栽培土固定，继续填装栽培土至留水口处，常规盆栽留水口2～3厘米，小盆栽培留水口1～1.5厘米，并随填土随压实，最后蹾实。置温室内光照充足场地浇透水，如果白天温度在20℃以上，浇透水后保持偏湿，20℃以下保持湿润。生长旺盛期，每10～15天追肥1次，并每天喷水1～2次，保持栽培场地地面潮湿，夏季炎热干旱期间增加喷水次数并需遮光40%～50%。出现叶片高矮不齐、大小不一、色彩暗淡，则为光照过弱或土壤氮肥含量过多，通风过差，应及时调整。单面采光的简易温室出现叶片追光而弯向光照较强一侧，应及时转盆。随时拔除杂草。如果冬季室温能保持20℃以上，光照良好，能继续生长发育，无休眠期，室温低于15℃生长缓慢或停止生长，长时间13℃

以下进入休眠，休眠期有部分叶片枯干，应及时剪除，部分叶片仍有观赏价值，室温低于6℃有可能受寒害，一旦受寒害不易恢复生长。

阳台环境应设接水盘或沙盘，栽植后置光照充足而不直晒的场地，浇透水后保持盆土不过干，浇水时间最好在早晨或傍晚，同时喷水于叶片。每15天左右追液肥1次，应用无机肥时按3%～4%浓度浇施，最好浇施1次氮肥后，浇施2次磷、钾肥，再浇氮肥，这样间隔浇施对其生长更有利。应用市场供应的小包装肥时，也应如此间隔，但就以促叶肥与促花肥等量施用，施用的比例及浓度以说明书为准。敞开阳台栽植苗，自然气温低于12℃时，移入室内光照充足场地，仍需保持盆土湿润，按时喷水洗叶及转盆。喷水浇叶应在室内进行，切勿移至室外进行。翌春自然气温稳定于15℃以上时，移回敞开阳台原栽培处。封闭阳台栽培苗，如果光照、温度允许，可原地越冬。每2～3年在将要进入生长旺期前脱盆换土1次。庭院或荫棚下栽培苗，可参考敞开阳台栽培苗越冬方法进行。

138. 怎样在温室环境栽培好海芋？

答：海芋又称滴水观音，适应性强。作为商品苗，为减少成本，通常选用10×10～14×14（厘米）营养钵（小软塑钵）。栽培土壤选用园土或细沙土50%，腐叶土或腐殖土50%，另加腐熟厩肥10%～15%；或园土40%，细沙土30%，腐叶土或腐殖土30%，另加腐熟厩肥10%～15%，应用膨化粪肥或腐熟饼肥5%～6%。有花卉栽培爱好者，应用木材厂锯木材的陈旧锯末，中药制药厂的陈旧药渣代替腐叶土效果也好。无论选用什么基质，均需充分晾晒、灭虫灭菌后应用。栽植前用塑料纱网将钵底孔垫好，装填栽培土2～3厘米压实后，将苗放置于钵中央，扶正后再填土至留2厘米左右水口，随填土随压实。置温室内光照较好场地，浇透水并喷水洗叶，保持钵内土壤湿润。摆放宜整齐，横成行竖成线，对角也应该是直线，并预留养护通道，通道宽不小于40厘米。夏季光照过强时适当遮荫。生长期间每月余追液肥1次。室温高于25℃时开窗通风，15℃以上开始生长，20～30℃生长迅速。高温高湿虽然叶片增大，但会产生叶柄伸长，冠径变大。能耐5℃低温。

小苗由于根系小，生长缓慢，4～5片叶后生长加快，应用10厘米×10厘米的营养钵，应脱钵换入12×12～14×14（厘米）钵中，5～7片叶即可换入正式花盆中。供应市场如欲培养大苗，应随生长随换大盆。除独本栽培外，在换盆时除去部分宿土，3～5株组合栽植，培养大苗会产生枝叶变黄，应及时剪除。通常大苗不会全长满叶，只在茎先端有4～6片叶，并且随生长年龄的增长，老叶不断枯黄，属正常现象。看茎干苍古延寿，饱经沧桑，观叶片青春焕发，繁荣昌盛。为目前时尚的花卉之一。

139. 阳台容器栽培的海芋已经近十年了，小的时候总保持6～7片叶，丰满大方，随着茎干的长高，只有先端2～3片叶，1个新叶发生后，老叶就枯干1个，是为什么？怎样才能保持不脱叶或少脱叶？

答：海芋的叶片生命在环境适合的情况下，能保持400天左右，环境较差时200多天老叶枯死，新旧更替为一种生命活动的自然现象。叶片寿命的长短与土壤含营养元素、光照、水分、空气湿度、通风条件有直接的联系，其中，因微量元素缺少或相互间调节不当，均会产生生命减短。生长发育期间，土壤中所需营养成分不足，又未及时追加需要的营养物质，不按时浇水，旱涝不均，空气湿度长时间过于干燥，空气不能正常流通，光照不足，养护失时，导致严重紊乱，势必叶片早衰提前黄枯。

海芋虽然适应性较强，可以粗放养护作为容器栽培苗，但应细致栽培养护才能有较高的观赏价值。阳台陈设的栽培容器，有栽培与观赏两重意义，最好两者兼顾，选用外观素雅大方的瓷盆或紫砂盆或塑料盆，花盆尺度的大小与植株的大小相匹配。当然有旧花盆刷洗洁净后应用也未尝不可。选用栽培土，如确实有困难也可用普通园土，但在这种土中长势稍弱，生长速度也慢。栽植后置阳台光照充足、中午不直晒场地，每天早晨或傍晚浇水，同时喷水于叶片，坚持干旱高温天气或多风天气多浇，阴雨天气少浇或不浇，浇水宜一次浇透，盆下如能放接水盘或沙盘则更好。生长季节每20～25天追肥1次，为防止肥水中产生异味，可适量加入一些EM菌，会减少或消除异味，也可选用蹄角片或膨化粪肥埋施。自然气温低于15℃及冬季室内栽培，停止追肥。有季风地区提前防风。自然气温低于12℃移入室内光照充足场地，减少浇水量及次数，并坚持2～3天向叶片喷水1次。春季室外自然气温稳定于15℃以上时，移至原栽培处栽培。移入室内及由室内移出这两个时间段，由于环境改变，为老叶片产生黄枯的主要时间段，应勤向叶片喷水或喷雾，盆土保持润而不湿，使其逐步适应。15～20天后转入常规养护，即能使先端叶片早衰现象少发生或不发生。

140. 我是一名花卉栽培爱好者，早晨在花圃中见滴水观音每个叶片先端突尖处均有一个小水珠，堕落后不久又出现了，非常有趣，于是我选购了两盆，运回家后放在大树下阴凉处，夏季长势旺盛，但从来未见有滴水发生，是什么原因？怎样才能使其滴水？

答：滴水观音为海芋的别称，在供水充足、空气潮湿环境中会产生吐水现象，而得名滴水观音。海芋根系吸收的水分、养分绝大部分被植株利用消耗，吸收的水分与消耗的水分基本呈平衡状态，叶片内基本无贮水，故很少产生吐水。如果晚间浇水，土壤含水量多，根系大量吸水，夜间蒸腾作用减弱，所吸收的水分在体内贮存的大于利用的，贮存的水分又必需排出体外，故产生吐水，所以这种现象多在早晨见到。放置在树荫下不见吐水现象与浇水时间、空气含水量有一定关系，如果下午、傍晚浇水，土壤含水量大，场地四周潮湿，空气湿度大时才能产生吐水现象，找到原因后，海芋健康叶不会不吐水。

141. 怎样选用容器栽培芋头才能有较高观赏价值？能否团植或片植？

答：芋头在我国南方通常作为蔬菜或副食，喜水湿也能耐干旱。其叶片落落大方，挺拔端正，在北方寒冷地区可片植、团栽及容器栽培，且不怕雨淋日晒。在北方用球根栽植，在直晒场地未见日灼出现，但容器栽培于半阴环境下，骤然移至直晒下很易发生日灼。作为观赏栽培有很大前途。

（1）团植：平整好栽植场地后翻耕，深度不应小于35厘米，土壤中杂质过多，应过筛或更换新土，新土最好为园土或栽培土，同时加入每平方米腐熟厩肥4~5千克，应用膨化粪肥或腐熟饼肥1～1.2千克，新土应用栽培土时不再加基肥。耙平压实后四周叠埂，埂高不低于20厘米，按30厘米×30厘米株行距栽入种球，全部栽植完成后浇透水，如出现部分下陷，应于水渗下后用栽培土填平，2～3天浇水1次保持土壤偏湿。生长期间每

20～30天追肥1次，夏秋季随时拔除杂草。霜后掘出球根，阴干移至温室内，干藏或沙藏越冬。

(2) 片植：指布置面积较大、成片栽植的方法，栽植、养护管理等方法与团植相同。

(3) 容器栽培：成批量生产时，可选用16×16～20×20（厘米）软塑料钵，应用数量不多时可选用26～40厘米口径花盆。选用园土或河泥、塘泥50%，细沙土20%，腐叶土或腐殖土30%，另加腐熟厩肥10%～15%或膨化粪肥或腐熟饼肥3%～4%，拌均匀后摊开晾晒，彻底干燥后堆积在一起待用。上盆时先垫好底孔，填装3～5厘米厚栽培土，土面铺2～3厘米腐熟厩肥或0.5厘米左右膨化粪肥或腐熟饼肥，再填土3～5厘米，将球根用栽培土固定，每盆1～5芽，继续填土至留水口处，土表至球根之间的土壤厚度应保持3～5厘米，压实刮平后置半阴或直晒场地，浇透水保持盆土偏湿。生长期间每20～25天追肥1次。肥后、雨后中耕松土。需要喷水于叶片时，最好选择下午。粗放养护通常均能良好生长。霜降前后将地上部分剪除，脱盆将球根集中于一处，稍干后移入温室干藏或沙藏。

142. 怎样栽培好垂吊式'星点'藤？并使其生长速度加快一些提前上市？

答：'星点'藤藤蔓细弱、长势慢，很少作攀缘棕柱，多数作悬吊栽培。选用市场供应有提梁的专用双层底花盆，选用常规栽培土，每盆栽植5～7苗，栽植后置温室内半阴环境的花架上或垂吊于温室柱上或备好的支架上，浇透水保持盆土湿润，遮光60%～80%，在室温20～30℃之间生长迅速，生长期间每10～15天追液肥1次，并每天坚持喷水，通常120～150天即可供应市场。

另一种栽培方法，苗期选用10×10～14×14（厘米）软塑钵，用塑料纱网垫好底孔后即行填土栽植，每钵1～3株，置温室半阴场地，并于场地立杆拉线，小苗成活伸蔓后，领蔓上杆或上线。保持盆土偏湿，空气湿度60%以上，按时追肥。待藤蔓长40～50厘米时，脱钵换盆，并将藤蔓调整成下垂状态，栽培7～10天后待叶片方向变得自然后，即可供应市场。春季栽植，由于自然气温的逐步增高，水分养分供应充足，又在温室中人为保湿、保温，其长势必然迅速而健壮，从而提前上市。

143. 怎样栽培水晶花烛才能良好生长？

答：水晶花烛（*Anthurium crystallinum*）为天南星科、安祖花属（花烛属）多年生常绿草本花卉，根半肉质，白黄色、橘黄或白色，较发达。茎短不明显，叶片互生于短茎上呈簇生状态，叶柄长30厘米左右，叶片宽卵形或心形，长30～60厘米，宽20～30厘米，先端突尖，基部心形，全缘，新叶或幼株叶片紫色有光泽，叶脉明显，银白色。肉穗花序纤弱细长，花小黄绿色，不明显，以观叶为主。原产哥伦比亚及秘鲁，喜较强明亮光照，不耐直晒，不耐过阴，喜温暖不耐寒，在18～32℃环境中长势良好，15℃以下长势缓慢，12℃以下停止生长，低于6℃有可能产生寒害，一旦产生寒害将无法继续存活，喜湿润，不耐干旱，喜疏松肥沃、富含腐殖土壤，在高密度土、贫瘠土中生长势差。通常选用分株或播种繁殖，分株多在春季进行，切取后伤口涂抹硫磺粉或新烧制的草木灰后用栽培土栽植，但伤口及根系处应用无肥素土，使肥土与肥料暂时不接触，以保证较高成活率及成活后良好生长。如果分株后选用素土栽植，新叶发生后脱盆换土，或用追肥方法栽培也能良好生长。选用播种繁殖时，播种土壤或基质选用细沙土或蛭石，也可选用细沙50%，素腐叶土50%，拌均匀后点播，覆土1～2厘米。应用穴盘（分格苗盘）或8×8～10×10（厘米）小营养钵播种1粒，置半阴场地，在室温24～30℃环境中30天左右出苗，出苗不甚整齐，个别种子长达90天才出土。2～3片真叶时分栽。

水晶花烛株形铺散圆整，通常选用14～20厘米口径花盆栽植，选用常规栽培土，栽植后置半阴场地，浇透水后保持盆土湿润，在空气湿度50%～70%、室温18～32℃、遮光50%左右环境中生长良好。在生长期间每15～20天追肥1次，并随生长随拉大株行距。其它栽培养护可参考丛生蔓绿绒。

144. 怎样在温室内栽植由南方邮寄来的黑叶观音莲？

答：春夏间室温保持在20℃以上时，选用口径14～20厘米深筒花盆，每盆1～4芽，应用常规栽培土栽植，置光照充足场地浇透水后保持盆土湿润，不过干不积水。室温过低、土壤过湿易引发烂根烂球，土壤过干则不易发芽。在室温24～28℃、土壤润而不湿条件下，15～20天即可生根发芽。新叶发生后保持室温在20～30℃之间，空气湿度不低于60%，每天喷水或喷雾1～2次，不必再浇水，在空气干燥环境养护，应适量增加喷水次数。每10～15天追肥1次，气温18℃以下时虽然生长缓慢，但不宜停肥，减少浇水量，保持盆内土表不干不浇，16℃以下停止生长，盆土更不能过湿，以偏干为佳，15℃以下进入休眠，叶片逐渐干枯，剪除地上部分后，置温室北侧，室温不低于13℃，盆土微潮环境越冬。另外作为商品供应，于春季可选用催芽温床催根催芽，等生根发芽后上盆。可参照花叶芋催芽方法进行，但室温保持在24℃以上。

145. 黑叶观音莲在四季厅及阳台环境如何栽培养护？

答：黑叶观音莲喜高温及高空气湿度，高温高湿叶色方能鲜明艳丽。四季厅陈设最好选用容器栽培布置，以便于更换。四季厅室温为适应客人活动，多在25～28℃之间，很少室温再度增高，这种温度仍属生长范围，故需每日向叶片喷水1～2次，但盆土不宜过湿，保持不积水。如发现叶面过脏时，应选用棉织品擦拭叶片，擦拭宜轻，切勿用力过度造成人为机械损伤。如果长时间摆放，应20天左右追1次无机肥，以磷、钾肥为主，氮肥为辅，以增强对病害的抗性。可选用三要素复合肥或氮肥与磷钾肥隔次浇施，如发现叶色变暗，长势变慢，在施三要素肥后无大的改善，应考虑是否其它微量营养元素供应不足，如缺铁、缺锌等，可适量浇400～500倍硫酸亚铁或硫酸锌液，绝大多数会有所改善，也可用市场供应的多元素营养液补充土壤中的元素不足。因室温引发的叶色变暗应及时更换，移回温室复壮或越冬。

阳台环境栽培：通常选用14～20厘米深筒花盆，选用常规栽培土，如确实有困难时可选用原栽培花卉的旧盆土，加市场供应的腐殖土，配比的多少应依据旧盆土中的腐殖质及肥料含量，如土质疏松、腐殖质含量高，掺入腐殖土40%左右；如土质密度高、较黏硬时，掺入腐殖土50%左右，并掺入3%膨化粪肥，翻拌均匀充分晾晒，灭虫灭菌后即可作栽培盆土。当自然气温稳定于18～20℃时，上盆栽植，栽植时先将盆底孔用碎瓷片或塑料纱网垫好，有爱好者用枯松叶或水绵垫孔效果也好。填装栽培土至盆内壁垂直高的1/4～1/3，压实后将球根置入盆内，芽点向上稳固后，再填土至留水口处，并随填随压实，土表至球根先端保持2～3厘米，再次压实刮平，置阳台面光照充足处，敞开阳台可置光照直晒处，浇透水，保持土壤湿润。待小苗出土后，移至半阴场地的接水盘或沙盘上，浇水或喷水于叶片应于早晨或傍晚进行，干旱或有风天气应增加向叶片喷水次数。第二片叶全部展开后，每20天左右追肥1次。生长期间叶片不舒展、产生皱折，多为空气湿度不足、追肥浓度过大或温度低。叶片失去光泽，多数为pH值高于7.5或盆土长时间过湿，应检查问题所在并及时改善。进入休眠后，应将地上部分及时剪除，移至室温不低于15℃场地，保持盆土微潮即可越冬。翌年春季脱盆换土。

*146.*大叶观音莲与观音莲栽培方法是否相同？有哪些区别？

答：大叶观音莲原产亚热带地区，在我国北方地区仍为高温、高湿环境才能良好生长，低温环境休眠，在18～30℃环境中生长良好，低于15℃生长缓慢，12℃以下进行休眠，越冬室温最好不低于8℃。栽培养护管理同观音莲（黑叶观音莲）。

*147.*上树蜈蚣在北方温室中如何容器栽培？

答：上树蜈蚣为裂叶崖角藤的别名，分布于我国广西、贵州、云南等地。喜温暖、潮湿环境，但成型植株在相对空气湿度40%～50%环境中能维持原有叶色。选用30～50厘米深筒花盆，常规栽培土，按麒麟尾攀缘棕柱栽培养护方法，即能良好生长。另外在展览温室、四季厅等攀缘于造型树、岩石、墙壁上等，效果也好。

*148.*怎样栽培金钱树使其四季常绿健壮生长？

答：于春夏间，选用10×10～14×14（厘米）小营养钵，用纱网垫好底孔，选用常规栽培土，每钵1～2株上盆，根系宜舒展，如幼根过长可轻轻蟠虬，勿损伤幼根及根冠，上钵时随填土随压实，留水口1～1.5厘米，置温室半阴场地，浇透水，并喷水于叶片，保持盆土湿润，不积水，一旦有积水发生，应及时找出原因及时排除。摆放需整齐，南低北高，预留栽培养护通道。生长期间视盆土干湿情况，只作喷水不浇水。除向叶片喷水，栽培场地及四周同时喷湿，增加小环境空气湿度，大风、干燥、高温天气，室温高于33℃时，应增加喷水次数，保湿降温。最适合生长的水分为盆土湿润及相对空气湿度50%～70%。生长期间每15～20天追液肥1次，小苗生长至3～4枚羽状复叶时，脱钵组合栽植于16～30厘米口径深筒花盆中，仍应用常规栽培土，但pH值应调整为6～6.5，最大不大于7。换盆后长势加快，应合理拉开摆放株行距。室温在18～32℃，生长良好，但24～27℃长势最好，35℃以上易徒长，16℃以下生长缓慢。越冬将追肥改为10～15天1次，夏季生长旺盛期追施氮、磷、钾肥可平衡应用，入秋后则应以磷、钾肥为主追肥。室温最好不低于10℃，8℃以下很可能受寒害，一旦因寒害损伤很难恢复生命活动。夏季遮荫50%～60%，冬季应有较充足光照。金钱树追光性不强，即使是单面光照温室，栽培植株也不会因追光而倾向一侧，能保持株冠直立圆整。1枝羽状复叶在栽培适当情况下，寿命期为2～3年，并于球根上不断发生新的不定芽，并长成新的羽状复叶。

149. 盆土稍干时发现有灰白色盐碱渍，土壤pH值大于8.2，能否浇矾肥水改良？用矾肥水对植物有无影响？

答：矾肥水是一种偏酸性的肥料，pH值在5.8～6.7。矾肥水的配制：用硫酸亚铁、饼肥和水，按1∶4.5∶100的比例配制放入缸内，放在阳光下充分暴晒，经过1个月的充分发酵后，变成黑绿色液体，即是矾肥水原液。在用时将原液与水以1∶20的比例作追肥用，约10天左右1次。土壤pH值大于8.2时，可采用浇矾肥水溶液改良土壤，使喜酸性土壤的花卉叶片浓绿，生长健壮。有人认为使用矾肥水过多，会使土壤里的硫和有效铁成分含量过高，导致植物中毒，可以浇施磷酸二氢钾溶液，改良土壤酸碱度。对于喜碱性花卉来说，如果浇施矾肥水，反而影响植物的正常生长。

150. 在花卉市场购买的绿萝柱，经过3个月的摆放，下边大量脱叶，上边杂乱无章。由基部修剪后，上部枝作扦插穗。脱盆后发现盆土为硬黏土，这种土壤怎样换土？

答：这种高密度重黏土在南方多雨地区，因长时间处于潮湿状态，栽植时又多为碎块状，土块间间隙大，排水顺畅，基本不积水。通过一段时间栽培，土块逐步破碎，通透性变差，一旦供水不足即变为硬块，不但不易换土，脱盆也较为困难，故于脱盆前应先浇透水，待土壤含水量致饱合点时即成为泥状，脱盆就容易多了。脱盆后浸于水沟、水池或水容器中，轻轻摆动土球或藤蔓，宿土即可与根系全部脱离，取出后即可及时换新土栽植。

151. 租摆撤回的一批棕柱'绿宝石'喜林芋等，长势、形态均很好，但竹筒做的棕柱多数已由基部折断，怎样修整或更换棕柱？

答：可以找3根长约30厘米左右、直径2厘米左右的木棒或金属棒，将木棒等紧贴盆内棕柱均匀地插入盆里土壤中，插入深约15厘米，然后用细铁丝或塑料绳从基部将木棒围绕棕柱绑固，在木棒顶部再绑一次，可以将折断的棕柱重新固定好。捆绑时要避开藤蔓的根系，只能将竹筒与加固物捆绑。另一种方法为，选一段外径等于竹筒内径的硬塑料管或金属管或木棒，将其插入竹筒内，然后用金属丝等固定再行栽植。

152. 制药厂墙外有很多中草药废料，已经腐烂成土，用这种土栽花卉是否可以？

答：已经腐烂成土的中草药废料，其土质较疏松并含肥料，通气、透水适合植物生长发育的要求。但只能代替腐叶土。应用时配比为园土30%、细沙土30%，腐熟中草药渣40%，另加腐熟厩肥8%～10%或膨化粪肥、腐熟粪肥、腐熟饼肥等其中1种，占4%～6%，拌均匀后，仍需充分暴晒，高温灭虫、灭菌后应用。用于天南星科花卉，应测试其pH值，最好在5.5～7.5之间，如果偏碱，应适量加入硫酸亚铁改善pH值后应用。

153. 应用尿素、磷酸二氢钾等浇灌万年青、喜林芋等，常用追肥浓度多少较为合适？土壤质地不同有哪些变化？

答：用尿素、磷酸二氢钾等浇灌万年青、喜林芋等花卉，常用追肥浓度3%～4%较为合适。土质较黏重的高密度土，施用浓度可以较小些，次数多些；土质疏松的或贫瘠土，施用浓度可以大些。用于喷施，通常浓度为0.2%～0.3%。

154. 追肥时怎样埋施？埋施有哪些优缺点？

答：埋施是追肥的一种方法，此方法肥料养分损失少，肥效持久而稳定。露地畦栽的花卉一般采用此方法。在距离植株5厘米左右，开沟深约8～10厘米，将肥料撒入沟内，用土覆盖即可。盆栽花卉选用埋施，在花盆边缘挖3～4个小穴，或沿盆内壁四周掘开一条小沟，深度约是盆土的1/3，将肥料放入穴或沟内，用土覆盖即可。埋施的优点是埋施一次可以20～50天不用再追肥。缺点是这种方法费工费时。

155. 在花卉市场选购天南星科花卉时，怎样辨别原盆栽培（老盆）苗及新上盆苗？从经济角度、养护角度各有什么优缺点？

答：辨别原盆栽培苗和新上盆苗，可以先看盆栽用土的外观，土壤质地较疏松是新上盆苗；土壤质地有些板结，土壤颜色较浅的是原盆栽培苗。然后再将花盆倾斜，看盆底排水孔是否有根系长出，长出根系的是原盆栽培苗；没有长出根系的是新上盆苗。还可以观察植株的嫩尖，嫩尖较柔软，生长无力的是新上盆苗；反之则是原盆栽培苗。原盆栽培苗在花圃养护管理周期较长，消耗肥力较多，出圃价格较高。新上盆苗价格比较便宜，但购回后养护管理时间较长，直接租摆影响植株生长，摆放时间较短。

156. 四季厅假山上栽植的海芋，因栽植穴土壤较少，栽植穴也小，目前已经长大并出现倒伏状侧弯，不更新的条件下，应如何处理？

答：在长时间光照不足、阴湿环境、土壤容积小的条件下生长的海芋，株冠不断增长并因追光而偏向一侧，而根系在受限的栽植穴内不能良好伸展，多数蟠虬在一起，加之土壤因潮湿而松动，甚致与穴壁脱离，不能固定植株，遇有外力振动时，很容易造成向重力一方倒伏。补救处理有两种方法：一种为扶正或基部设横向或斜向支撑物。为保证观赏质量，最好不竖向设支撑物。一发现歪曲或已经倒伏，应及时处理。支撑物选用金属丝或竹、木棍等，将其两端横向插入栽植穴石隙或牢固卡于栽植穴内壁，最好用两根呈十字设置，再将植株基部用绳索捆绑牢固。如无条件横置时，可选用3根固定材料，于基部呈三角架形式绑缚固定，然后再填土将根系埋好，即能保持垂直端正、活泼向上的原有株型。如果茎干已经弯曲，弯曲度不大时，扶正后通过一段时间养护仍能直立生长。如果弯曲度很大，茎干呈横生或更严重呈下垂时，很难扶正，即使扶正，茎干弯曲处也不会恢复原来形态，此时只加固至不使根系露出栽植穴外。由于茎干弯曲，茎基部会很快产生分枝，分枝长势比主干要旺得多，此时对主干的去留应依据造型而定，留下主干有一种饱经沧桑、古韵犹存的效果，去之则恢复原有株型。

157. 原产热带或亚热带的天南星科花卉，一旦受寒害或冻害，从外观上有什么表现？能否补救？

答：原属于热带、亚热带的天南星科观叶花卉，喜湿热不耐寒。其中的寒指零度（冰点）以上的低温，因低温而受害的现象称为寒害；在零度以下因植株体内水分结冻而使植株受害称为冻害。植株受寒害后，叶片萎蔫下垂，颜色变暗，失去生机。如果受害时间短，应在温室内原地不动，让光照自然逐渐升温，使其生理活动缓慢恢复，特别是体内水分不会骤然蒸发，当室温升高到25℃以上时再供暖升温，并向叶片及场地喷水，基本能恢复活力继续生长，但叶片受害而早黄后干枯脱落。受冻害后，枝干叶片全部萎蔫下垂变色，升温后急速腐烂死亡，无法补救。

五、病虫害防治篇

答：广东万年青炭疽病在空气潮湿、通风不良、植株株行间过密的环境中易发病，秋季发病率高，老叶比新叶发病率高。初发病时，叶片边缘出现淡褐色小斑点，随之扩大成褐色或深褐色半圆形或不规则形斑块，斑块中心为灰褐色。后期病斑处出现排列成轮纹状黑色小斑点，在潮湿环境中，小斑点产生红色黏液状物，即为分生孢子堆。

防治方法：

(1) 有病史的花圃、温室等，在栽培前先将杂物清理出场地，并喷洒75%百菌清可湿性粉剂400～500倍液灭菌。应用的栽培或繁殖容器、工具等用清水刷洗洁净后应用。

(2) 应用土壤或其它基质，高温消毒灭菌或充分晾晒。

(3) 按时开窗通风，在高湿条件下保持通风良好。株行距合理安排，株丛过密时及时拉开株行距，保持光照不过阴暗。

(4) 发现病叶及时摘除，集中烧毁或深埋，切勿随手乱扔，以免导致二次染病。

(5) 发病前喷洒70%炭疽福美可湿性粉剂500倍液，每10天左右1次预防发病。

(6) 发病初期喷洒75%百菌清可湿性粉剂500～600倍液，每7～10天1次，连续3～4次可抑制病情发展。

2. 温室中栽培的大斑马万年青，叶片先端及边缘出现橘黄色小斑点，并逐步扩大连成灰白色斑块，随之叶片中部也发生小斑点，斑块四周有不明显的轮纹，最外轮生有水渍状灰褐色轮状环带，不久病斑软腐枯干，并发生黑色小点，最后整叶变黄枯干脱落，是什么原因？如何防治？

答：应为炭疽病在大斑马万年青叶片发病的一种形式，与广东万年青炭疽病同一病源，防治方法同广东万年青。

3. 在塑料薄膜棚内栽培的斑马万年青，初春发现叶片发生退绿小圆形斑点，并扩大连接成不规则大斑块，病斑处变薄，淡灰褐色或淡黄色，而后出现散生黑色斑点，是哪种病害？如何防治？

答：由发生的季节及介绍的病情分析，应该是灰枯病。防治方法参照广东万年青炭疽病防治的方法。

4. 温室内栽培的暑白万年青、斑叶龟背竹，发生褐斑病如何防治？

答：褐斑病在天南星科观叶花卉中很多种类均有发生，均发生在叶片上。初期叶片上产生淡黄色至淡褐色小斑点，而后逐步扩大成圆形或不规则形病状，病斑边缘为红褐色，中央位置为褐色、灰褐色或灰白色，随后产生黑色小点即为孢子群，病斑处最后枯干破裂。严重时全叶枯死。借风雨、喷水等传播。高温、高湿、通风不良环境发病率高。

防治方法：

(1) 栽培场地或温室内栽培前，将杂物清除出场外，整好用地后，喷洒75%百菌清可湿性粉剂400～500倍液，喷洒时包括地面、墙面、花架全部喷洒周到，如有条件，喷洒后关门密封3～5天则更好。

(2) 栽培土壤、工具等进行高温消毒灭菌。

(3) 生长期间多施磷、钾肥，使其养分平衡，增加抗性。

(4) 温室栽培按时开窗通风，株丛与行间过密时，及时拉开株行距，并适当加强光照。

(5) 发现病叶及时摘除，集中烧毁或深埋。

(6) 喷洒65%代森锌可湿性粉剂600倍液，或50%福美双可湿性粉剂600～800倍液，每7～10天1次，连续3～4次预防发病。

(7) 发病初期喷洒75%百菌清可湿性粉剂500～600倍液，或70%甲基托布津可湿性粉剂1000～1200倍液，或50%多菌灵可湿性粉剂500～600倍液，每7～10天1次，连续3～4次抑制病情。

5. 温室栽培的战神喜林芋产生腐根，应如何防治？

答：该病多发生于长时间土壤过湿、气温较低、光照过弱的环境下。初期停止生长，叶色暗淡，随后老叶枯黄。脱盆检查时，大多根系变黑、腐烂，严重时全株死亡。为养护不当造成的生理病害。

防治方法：

(1) 生长期间土表不干不浇水，低温、光照不足保持偏干，保持通风良好，适当加强光照。

(2) 养护期间适当增施磷、钾肥，有利增强抗性。

(3) 发病初期及时脱盆，清除腐烂部分，重新栽植。

6. 天南星科观叶花卉发生介壳虫危害，如何防治？

答：危害天南星科的介壳虫多为圆蚧类，零散地分布在叶背及茎上，发生率不高，造成叶片出现小斑点，并有排泄物引来蚂蚁危害及污染叶片，造成煤烟病发生。

防治方法：

(1) 数量不多时可人工去除。

(2) 埋施10%铁灭克颗粒，每盆3～5克杀除。

(3) 喷洒或浇灌40%氧化乐果乳油1200～1500倍液，每10天左右1次，连续2~3次杀除。

7. 有红蜘蛛危害怎样防治?

答:红蜘蛛为朱砂叶螨的别称,属叶螨类,除此之外尚有茶黄螨,体色为淡黄或茶黄色,均为刺吸类害虫,危害叶片及嫩茎。通风不良、空气干燥危害较重,家庭或阳台栽培植株,发生率高于温室环境;春季高于其它季节。危害部位初期为黄白色小斑点,而后密集地布满全叶,并有网状物,导致叶色变暗、皱折,停止生长,严重时叶片变黄、枯干。红蜘蛛每年发生10~20代,并能世代重叠。在室外土块下或落叶下越冬,或在室内盆土中、植株叶片上继续生存,无休眠活动。

防治方法:

(1) 保持空气湿度在50%以上,加强通风,勤喷水洗叶,增施磷、钾肥,增强抗性。

(2) 喷洒40%三氯杀螨醇乳剂1200~1500倍液,或40%氧化乐果乳油1000~1200倍液,或50%普特丹可湿性粉剂2000~3000倍液,或73%克螨特乳油1500~1800倍液,均有良好杀除效果。

8. 阳台上容器栽培的海芋有蚂蚁在花盆中筑巢,并在植株上爬,怎样根除?

答:世界上蚂蚁有近千种,家庭盆栽花卉土壤中筑巢的种类主要有常见黑蚁、黄土蚁及厨蚁3种,我国南北均有广泛分布。筑巢时在盆内土表筑成环状小土丘,或于盆底四周筑成圆环状小土丘,并将盆内土壤由盆底乱盗出盆外,污染窗台、花架、桌面等处,毁坏根系,盗食肥料,并与介壳虫、蚜虫、红蜘蛛共生,严重时造成植株停止生长,降低观赏价值。

防治方法:

(1) 栽培数量不多时,可以脱盆换土。

(2) 用容器盛放一些水果残渣、食物残渣,置于花盆50厘米以外处,待其取食时诱杀。

(3) 土表及蚁巢入口处撒70%灭蚁灵粉剂杀除。

(4) 向土表喷洒40%敌敌畏乳油1000～1200倍液，或20%杀灭菊酯乳剂3000倍液，也可直接浇灌蚁巢杀除。

(5) 家庭条件，可向土表喷洒商场供应的"枪手"、"小螳螂"等无味杀虫剂杀除。

9. 土表有一种很小、能飞的小黑虫，对花卉有无危害？怎样防治？

答：应为一种石蝇类害虫，常在土表、盆沿、盆壁甚致附近窗台或窗玻璃上活动，浇剩茶叶水及盆中放置杂物发生率高。虽然对花卉没有大的危害，但有碍卫生，污染小环境，有碍观瞻，降低观赏效果。

防治方法：

(1) 勿向盆内浇灌剩茶水，清除土表污染物，保持整洁干净。

(2) 向土表喷洒40%敌敌畏乳油1500～1800倍液，或20%杀灭菊酯乳剂4000倍液杀除。

(3) 浇施50%辛硫磷乳剂1200～1600倍液或40%敌敌畏乳油1500倍液杀除。

(4) 家庭环境，向土表喷洒商场供应的"枪手"、"小螳螂"无味杀虫剂，效果良好。

六、应用篇

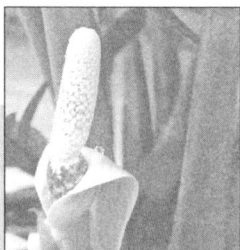

1.南方暖地，如何应用原产于热带、亚热带的天南星科花卉布置园林景观？

答：南方高温多雨地区，园林绿地中直立类、丛生类的天南星科植物可孤植、丛栽、片植、列植，点缀于草地、林下、道边、墙隅、篱下、岸边、山坡、石旁或与其它应时花卉布置花境。除上述露地栽培外，尚可容器栽培布置花坛，点缀庭院、硬地面的地域等，应用广泛，几乎任何地方均可布置。茎蔓攀缘类可攀附于树干、岩石、护坡、墙垣、栅栏等处作垂直绿化。

布置宜仿效自然，虽为人造宛自天成。新阳初起、晨露尚存，银珠敷叶、晶莹欲滴。伴着清新的空气，泥土的芳香，直立者刚毅向上，展叶迎接朝阳；攀附者像恋人又像久别的亲人，紧紧地相拥相抱，不离不弃。绿叶者碧海清波，彩叶者五色斑斓，如果是白色给这个喧闹的世界增加静谧，如果是红色会引发热烈的波澜。枯树老干上，嫩雨轻风拂翠叶，有如又逢春，分不清是树干还是藤蔓。粉墙半绿半露，银光透碧纱，藏漏、高低、长短参差自然，一首无声的诗、一幅天然的画。景石山上蜿蜒上攀或悬垂崖间，飘柔秀丽，雍容文雅，一派南国风光。此情此景似人在图画中。

2. 应用广东万年青类、蔓绿绒类、树藤类、龟背竹类等盆栽植株，怎样布置大厅中的花坛，还需要增加哪些花卉？

答：布置大厅中规则式的花坛，以中间高、四周低，或后面高、前面低的方式布置。中心摆放一些植株较高大的花卉，如散尾葵、棕竹、针葵、蒲葵等，由高至低分层次在四周布置广东万年青类、龟背竹类等花卉。如设计为冷色调花坛，则不必增添应时花卉。认为颜色过于单调时，可适当加入彩叶的观叶花卉或应时花卉，如虎尾兰、变叶木、彩叶草、安祖花、秋海棠、一品红等，依据株型高矮加入花坛，则显得热烈。规则式花坛应按几合图形，单一或组合摆放而形成图案，如圆形、半圆形、矩圆形、长方形、平行四边形或几个形的组合，其边缘基本规整。不规则花坛边缘变化较大，根据场地形状和大小，摆放随意而自然，摆放方法基本相同。

3. 应用攀缘棕柱类、丛生类、亚灌木类天南星科植物，怎样布置厅堂、宾馆的大厅、楼梯间或会议室？

答：室内花卉陈设应在不防碍通行、工作、生活等前提下进行，布置的位置以填补空旷、死角及遮掩与工作、生活不谐调的部位，给这些场地增添活泼生气。布置过多显得臃肿，布置过少则显得空淡。怎样能恰如其分还要看具体情况。大厅、大堂陈设时，进门两侧依据空间尺度，对置形态端庄、大方、整齐、稍高的亚灌木类型，如果区域狭小可选用攀缘柱类。空间狭长可列置，并在株间增加一些小盆丛生类型，以填补过于空旷的不足。大厅正面为重点布置地区，可布置简易花坛或几排列置，需选端正、丰茂、等高植株排放，或中间高两侧低，后边高前边低，并以亚灌木类、丛生类为主，要求有一定气势，如有条件，中心线上设大型插花则更好。柱子边、上下楼梯转弯处、电梯旁应以攀缘柱为主。两侧墙下应以丛生为主。服务台上陈设丛生小盆花或小型插花。会议室陈设应与会议内容相联系，一般会议应选用清雅整齐的亚灌木组合或丛生组合，背景则选用高大类型，台前小盆排列。发奖会、庆功会，应有应时花卉参加，显示火红、热烈气氛。小会议室圆桌会议，只作简单的点缀。

4. 大厅栽植槽怎样布置？

答：栽植槽布置通常选用丛生类或有应时花卉参加，可间隔布置或前后两行栽植或带盆放置。应时花卉也应选择耐阴性强、花期较长或彩叶种类，要求株形、冠幅大小、高矮基本一致，或中心高两侧渐矮，并基本将土面覆盖严。盆栽苗摆设时，盆高应在槽壁以下。

5. 四季厅墙壁栽植槽怎样布置？

答：这种栽植槽多为点缀性艺术品，多数无排水设施。通常带容器放置在槽内，以便于更换。放置前先将槽内铺一层建筑用陶粒，厚度依据栽植槽高矮及容器高矮而定，以容器上沿不露出槽面为准。槽的宽度只容1盆时，应单行布置，可选用丛生或悬垂苗，也可两者间隔摆放，如宽度能容2排时，内排放置丛生苗，外排放悬垂苗，也可放置艺术造型植株。不论何种布置，均应活泼自然，清雅秀丽，不要过于拥挤。

6. 大型圆桌会议室怎样布置，用哪些花材好？

答：圆桌会议室，多将植株陈设于圆桌中心空旷处，高度不能遮挡对面视线。如选用天南星科观叶类植物，应以丛生类或直立亚灌木类较好，面积不大时可单株（丛）摆放，面积较大时应多株组合，并要求中心高四周低。应用其它科属花卉也应如此。

7. 怎样布置天南星科植物专类花坛？

答：专类花坛指一种植物的多个品种，或同一个科或同一个属多个种组合的花坛，或有极少数其它花卉参加。天南星科专类花坛包括观叶类及观花类，同时应有简单设计图，按设计图的形状及尺度摆放。多面观赏花坛由中心向外开展，一面有建筑物时，由建筑物一侧摆放整齐后再向外开展。布置花坛种或品种不宜过多，颜色也不宜过杂，通常选用3种颜色足以够用，但要求株形基本整齐。如选用单一色彩、单一种或品种时，最好在分界线上有其它颜色或中间色参加。

天南星科植物种或品种展应另设展区，最好不用花坛形式。

8. 办公室如何点缀天南星科植物？

答：办公室陈设宜精不宜多。室内空间大，办公人员少时，应陈设于边角或设置的花架上，窗台可用小盆点缀。室内空间小，办公人员多时，可陈设于花架上，无花架可陈设窗台或选用壁挂造型方式。总之应不妨碍办公人员活动，又能增添一些生气为最好。

9. 暖地屋顶花园怎样布置天南星科植物才能体现南国情趣？

答：南方暖地高温多雨地区，用天南星科观叶或观花种类布置屋顶花园，也应考虑其喜柔和明亮光照，不耐直晒的生长发育习性。首先具备遮荫防风设施，如果建筑物四周有高大乔木遮荫，可不考虑遮荫，但应考虑相对空气湿度。布置前应先了解建筑物承重及防水情况，同时了解建筑物的承重点，在承重及防水允许的情况下布置景观。植物除天南星科花卉外，应有棕榈类、竹类或我国南方特有的常绿种类参加，布置方法也应前低后高，并留有一定量的常绿缀花草地的空间，不但有暖地的南国风光，更重要的是高低错落有致，景观效法自然，如有条件设置小亭、小水池、小假山、小桥等，将是一个小桥、流水、人家的意境再现。应用植物种类也不宜过多，过多反而显得杂乱无章，更不要设置过多的造型，造型过多，违背自然，也会给人一种不顺畅的做作的感觉。

10. 明亮而通风良好的落地玻璃，走廊宽只有1.2米，高2.5米，应怎样用天南星科花卉布置？拐角及迎门处怎样处理，才能不妨碍人行走，又有清雅情趣？

答：走廊宽1.2米并不狭窄，两人并行或相向而行并无影响。但为了人行通畅，最好不在地面陈设，可选用壁挂或悬垂布置。迎门处为主要陈设点，如果较宽敞，可选用叶片较大的亚灌木或大型攀缘棕柱类，陈设于大门两侧。拐角处因场地较小，多用攀缘棕柱类布置。

11. 窗明几净的小书房，只有十几平方米，怎样摆放天南星科观叶花卉才能清静雅致？

答：室雅无需大，花香不在多。室内的花卉摆放宜精不宜繁，繁则显得杂乱。少至1～2盆，多则2～3盆为佳。书架较多时，陈设于案头或花架上，书架不多、墙面有空闲时，可壁挂或边角摆放。如果书架较矮，也可放置于书架上。不论陈设于何处，均应设接水盘，防止因盆孔漏水而毁坏书籍。

12. 旧四合院仿古建筑，室内现代风格装修，怎样用天南星科观叶花卉布置？

答：四合院是我国北方地区、特别是北京的一种传统的建筑形式。典型的四合院大多设有独立的花园，花园是景观布置的重点，而庭院布置较为简单，且应用的绝大部分是传统树木与花卉。四合院的建筑为四面有房，北房又多设廊厅，房与房间有游廊连接。虽然门窗绿纱通透，冬暖夏凉，但由于廊顶的遮掩，室内采光极差，即使是现代装修，阳光也不能照入室内，给养护增加了不少难度。旧四合院室内很少摆放鲜花，大多用玻璃、金属工艺品、绢花等代替。现代风格装修的室内可利用边角开阔闲置的位置，布置较高大的种类，客厅、卧室可在桌案摆放，如设有花架，则摆放在花架上，摆放的场地最好为室内最明亮的地方。夏季廊下可适当点缀一些丛生或亚灌木类植株。四合院院落，无论四面有房或三面有房，其形式均为方形或者长方形，中央有南北向及东西向两条甬路，门前或甬路旁布置，均应选用对植（置），并选用传统树种，如石榴、海棠、桂花、玉兰、牡丹、荷花等，以求吉祥。

13. 仿古建筑、仿古家具能否陈设天南星科观叶花卉？选用哪些花材？怎样布置？

答：仿古风格的环境少量摆放也未尝不可。室内空间大，陈设一些叶型较大的种类，如龟背竹、麒麟尾、春羽等，空间不大可选择一些丛生种类，如广东万年青、'银皇后'、丛生喜林芋等，置于案头或花架上，摆放的场地需选择边角，不妨碍起居生活。也可选用仿古式造型制作悬挂或壁挂布置。

14. 新购住房客厅宽敞，想选购一些天南星科大叶的观叶花卉，应怎样摆放？

答：客厅点缀应根据沙发、坐椅、茶几以及附属家具的摆放位置，利用空闲的边角布置，选用的种类应有气势。如果家具占一个墙面或一个角，花卉点缀应放在另一个墙面或另一个角。如果设有花架则放在花架上。选用悬垂、半悬或丛生植株，与花架高矮大小的配比应协调，过大则头重脚轻，给人以不稳定感，过小则没有气势，给人以秃羽不全、体大头小的感觉。也可用活泼的造型点缀空旷的墙面。茶几上可在不妨碍客人用茶的位置，点缀小型盆栽植株。

15. 天南星类攀缘棕柱花卉能摆放在堂屋里吗？还是选用丛生或亚灌木的好？怎样摆放富有生气？

答：堂屋指正房（北房）中央的一间，传统正房有一明两暗或一明一暗之分。一明两暗指中央一间两侧房间用雕花木隔屏、隔墙隔开；一明一暗则只有一侧隔开，另一间与中央一间相通。旧时正房为父母或长辈居住的地方，又称作为北堂，是这个院落中最高大、最宽敞、最豪华、最庄严的处所。进门的对面设有几案、八仙桌、太师椅等硬木家具，隔屏处除门外，多数陈设小几案、方凳、多宝格类家具，靠窗处设小几案或花架，隔屏内为卧室。这种布局给人以尊严、富有的感觉。这种环境陈设花卉，不论是中堂还是卧室，均应摆放于花架或案头，植株只求高雅不求繁大，要保持高大宽敞的空间。多宝格为陈设瓷器、珐琅、玉器等艺术品处，最好不用作摆设花卉，花卉只是点缀，不能喧宾夺主。

16. 进门大厅为PC板材料透明拱顶，高约5米，宽9米，长近20米。冬季最低室温不低于12℃，两侧能否用攀缘棕柱的麒麟尾、'绿宝石'喜林芋、大叶合果芋等列植成绿色走廊？为有层次，前边统一布置专类花卉，加摆哪些花卉最好？

答：如果夏季能良好通风，冬季有风天气夜间不低于10℃，实际上等于一个大温室，只要将空气湿度调节好，可四季长期摆放。由于室内空间较大，室内高度达5米，又是容器栽培，应用单一的天南星科观叶花卉难以布置出良好景观，最好有高大的棕榈类、巴蕉类或常绿花木、果木参加背景的布置。前边按前低后高摆放，背景植株间也应填补比后边第一排稍高的植株，以求层次高低有序。应用的花材种类，也应该依据株冠大小、高矮而定，通常后排为攀缘棕柱类，以及亚灌木类，前排为丛生类或一些较矮小的种类，并于布置时，将种或品种相对集中摆放，使景观整齐一致，以免杂乱无章。欲想丰富色彩，也可应用同科观花类适当参加，打破过于单调的景观。

17. 家里阳台上，怎样利用天南星科观叶花卉进行装饰，并能保证良好生长？

答：家庭庭院栽培及阳台栽培，本身就是栽培与观赏相结合的形式，除在客厅短时摆放外，多数时间是在栽培中。习惯上均在阳台或庭院半阴场地与其它花卉共同欣赏，很少独立布置。冬季多移至室内光照较好场地，仍然以栽培为主，布置为辅。只要熟知其生长发育习性，尽可能人为制造原产地环境，细致栽培养护，就会良好生长，体现良好栽培技艺。

18. 天南星科植物哪些种类有食用或药用价值？

答：天南星科观叶花卉，绝大多数体内含有毒性生物碱。有些食用兼观赏的球根种类，如芋头、荔浦芋头、魔芋等也是如此，但通过高温加工，体内毒素会自然分解，分解后即可作为主食或副食。作为中草药的半夏、虎爪南星、独角莲、犁头尖等，其块根或球根中同样具有有毒物质，不深入了解药性时，不能单方用药。这些有毒物质因存在于植物体内，只要不入口，对人、畜、鱼类均不会产生任何危害。

常见作为食用的有芋头及魔芋。通常经过高温蒸煮或脱毒加工后作为主副食或菜肴。

常见的药用种类有：

菖蒲根状茎，可制芳香健胃剂，全草可制作杀虫农药。

千年健的根状茎具有散风湿、强筋骨、止痛的功效。

广东万年青全草有清热、消肿的功效。

海芋又称广东狼毒，外敷可治疗疔疮肿毒。

魔芋外敷有消肿解毒之功效。

独角莲又称白附子、禹白附，有治疗头痛、口眼歪斜、中风之功效。

半夏具有化痰止咳之功效。

狗爪半夏块根外敷，具有治疗肿毒之功效。

隐棒花又称沙洲草，全草入药有治疗疟疾的疗效。

浅裂南星球根入中草药及制作毒箭尖。

象鼻南星球根入中草药。

虎爪南星又称虎掌，华东地区作天南星入中草药。

天南星也称虎掌南星，入中草药具有祛痰、解痉、消肿毒之功效。

大薸全草入药，还能作猪饲料。

白玉黛粉叶

白柄亮丝草

斑马万年青
（两个花开在一个花柄上）

黛粉叶

绿玉黛粉叶

养花专家解惑答疑

彩版

养花专家解惑答疑

白蝶合果芋

箭头合果芋

红浪花叶芋

2

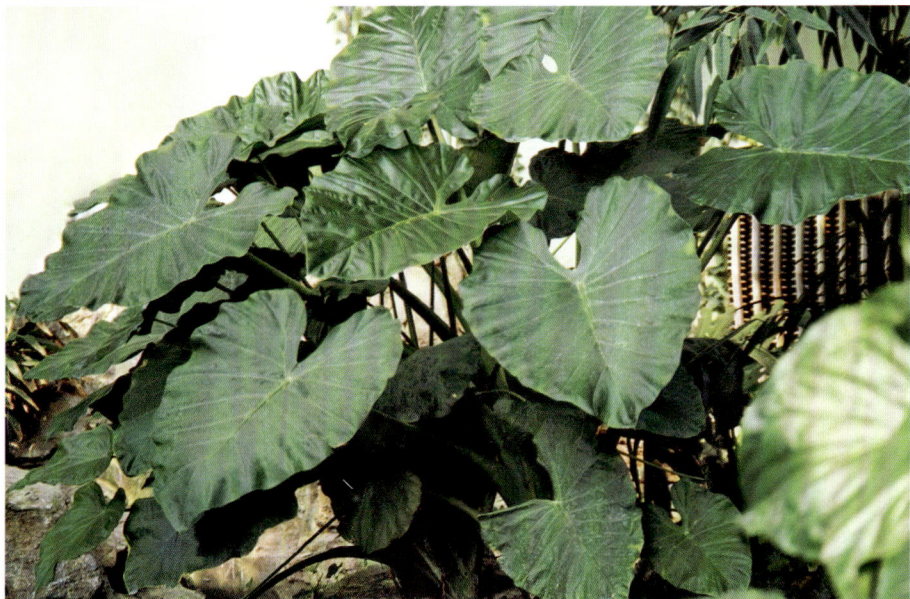

| 红浪花叶芋 | 白鹭花叶芋 |
| 海芋 |

养花专家解惑答疑

养花专家解惑答疑

芋头

独角莲

龟甲芋	龟背竹
龟背竹的花	斑叶龟背竹

养花专家解惑答疑

养花专家解惑答疑

圆叶龟背竹

羽叶喜林芋（羽叶蔓绿绒）

春芋（羽裂蔓绿绒）

丛叶喜林芋（绿帝王）

养花专家解惑答疑

长心叶喜林芋

绿宝石

圆心叶蔓绿绒

圆叶喜林芋	墨西哥蔓绿绒
簇生蔓绿绒	丛叶蔓绿绒
立叶蔓绿绒	崖角藤

养花专家解惑答疑

养花专家解惑答疑

雪铁芋（金钱树）	雪铁芋的花
掌叶半夏	黄斑叶石菖蒲

犁头尖（土半夏）

金边叶菖蒲

养花专家解惑答疑

养花专家解惑答疑

东方香蒲

菖蒲
(水菖蒲、白菖蒲、臭蒲子)

大薸